想与人分享

课堂案例——
韩国电影全接触
宣传片

影视剧场

课堂练习——
影视剧场

课后习题——
伴你越重洋

1

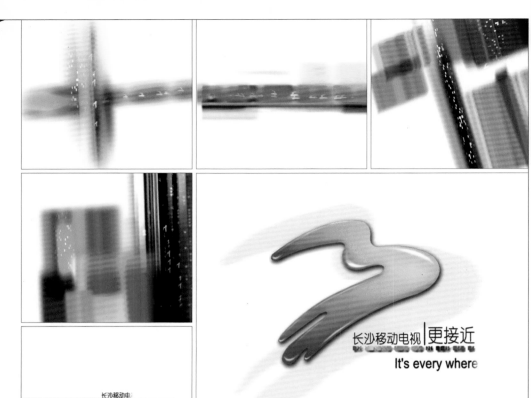

课堂案例——移动电视频道ID演绎

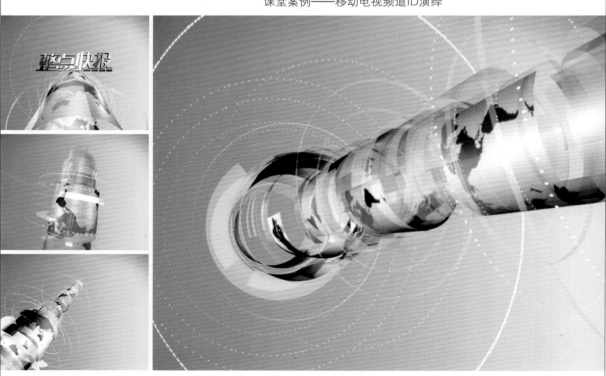

课堂练习——整点快报

课后习题——冠名播出

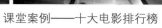

第 3 章

移动电视频道

课堂案例——十大电影排行榜

课堂练习——星旅途

课后习题——宝贝一家亲

第4章
频道台标演绎

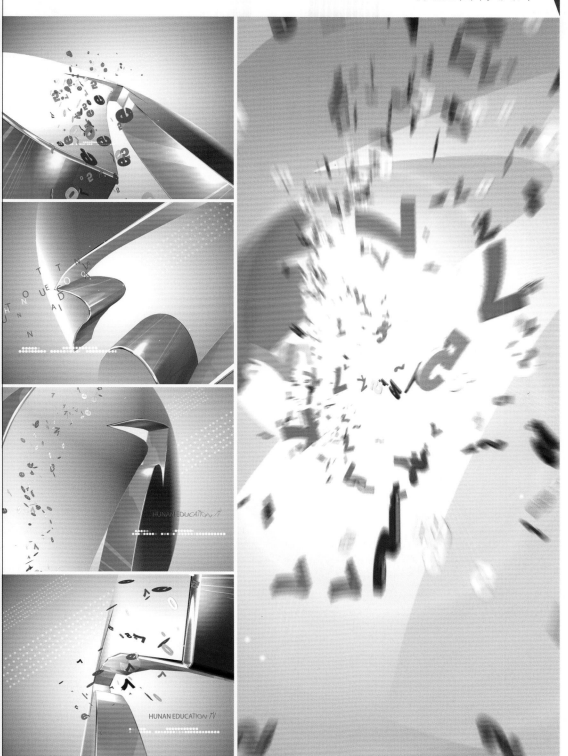

课堂案例——频道台标呼号

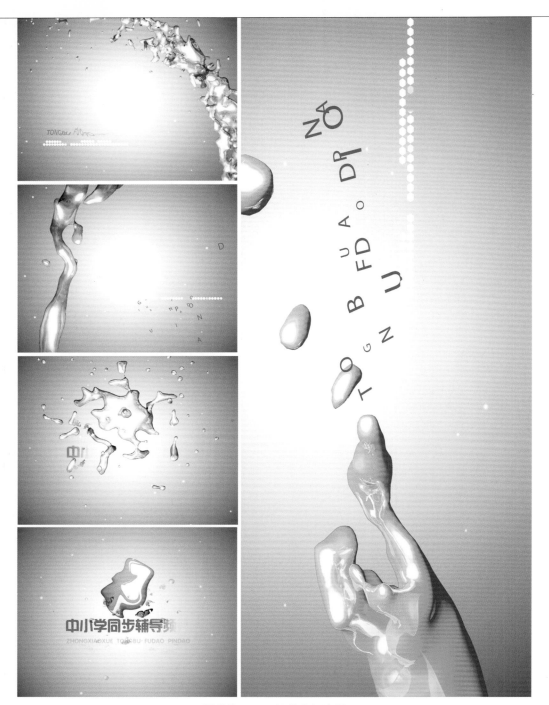

课堂练习——频道台标演绎

课后习题——生活频道

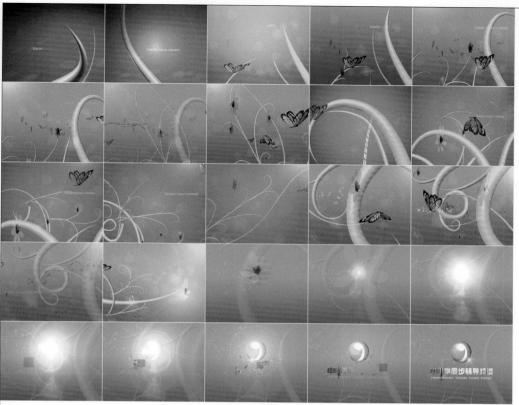

课堂案例——中小学同步辅导频道总片头

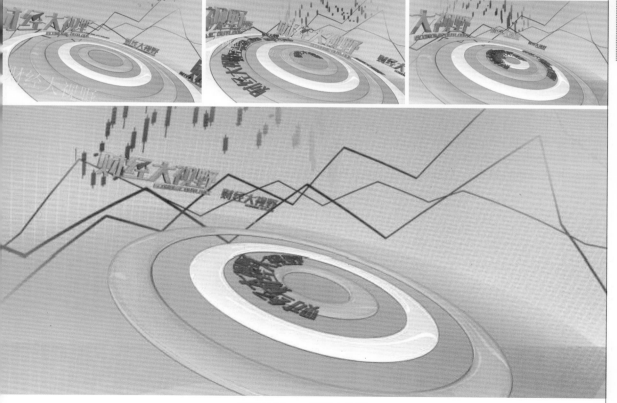

课堂练习——财经大视野

影视包装实例教程

课后习题——考古发现

21世纪高等职业教育数字艺术与设计规划教材

影视包装实例教程

|YINGSHI BAOZHUANG

○ 刘杰 姜晓旭 主编

○ 戴敏利 蓝鑫 于同亚 副主编

人民邮电出版社

北 京

图书在版编目（CIP）数据

影视包装实例教程 / 刘杰，姜晓旭主编. -- 北京：
人民邮电出版社，2011.5
21世纪高等职业教育数字艺术与设计规划教材
ISBN 978-7-115-24630-1

Ⅰ．①影… Ⅱ．①刘… ②姜… Ⅲ．①三维－动画－
图形软件－高等学校：技术学校－教材 Ⅳ．①TP391.41

中国版本图书馆CIP数据核字(2011)第008337号

内 容 提 要

本书以课堂案例为主线，通过各案例的实际操作，主要介绍了After Effects CS3影视包装制作技术，并结合3ds Max、Maya等三维制作软件，就影视包装技术的方方面面进行了详细的讲解。内容包含节目宣传片、移动电视频道、栏目包装、频道台标演绎和节目片头等项目的前期创意和制作技巧等。另外，书中还包含课堂练习和课后习题，以拓展学生的实际应用能力，提高学生的软件使用技巧。

本书适合作为高等职业学校数字媒体艺术类专业After Effects CS3课程的教材，也可作为相关人员的参考用书。

21 世纪高等职业教育数字艺术与设计规划教材
影视包装实例教程

◆ 主　编　刘　杰　姜晓旭
　　副主编　戴敏利　蓝　鑫　于同亚
　　责任编辑　刘　琦

◆ 人民邮电出版社出版发行　　北京市崇文区夕照寺街 14 号
　　邮编　100061　电子邮件　315@ptpress.com.cn
　　网址　http://www.ptpress.com.cn
　　北京精彩雅恒印刷有限公司印刷

◆ 开本：787×1092　1/16　　　　彩插：4
　　印张：11.75　　　　　　　　2011 年 5 月第 1 版
　　字数：327 千字　　　　　　　2011 年 5 月北京第 1 次印刷
　　　　　　　　　ISBN 978-7-115-24630-1

定价：54.00 元（附光盘）
读者服务热线：**(010)67170985**　印装质量热线：**(010)67129223**
反盗版热线：**(010)67171154**
广告经营许可证：京崇工商广字第 0021 号

前　言

　　After Effects CS3是Adobe公司推出的一款主流非线性编辑软件，它主要定位在高端的影视特效和影视包装制作方面，是目前主流的后期合成软件之一。

　　目前，我国很多高职院校的数字多媒体艺术类专业，都将"影视包装"作为一门重要的专业课程。为了帮助高职院校的教师全面、系统地讲授这门课程，使学生能够熟练地使用After Effects来进行影视包装的制作，我们几位长期在高职院校从事After Effects教学的老师和专业影视包装制作公司的包装师共同编写了本书。

　　我们对本书的编写体系做了精心的设计，按照"课堂案例—课堂练习—课后习题"这一思路进行编排，力求通过课堂案例演练，使学生快速熟悉影视包装的设计思路；通过各种影视包装的解析，帮助学生深入学习各种影视包装的特点及制作技巧；通过课堂练习和课后习题，拓展学生的实际应用能力。在内容编写方面，我们力求细致全面、重点突出；在文字叙述方面，我们注意言简意赅、通俗易懂；在案例选取方面，我们强调案例的针对性和实用性。

　　本书配套光盘中包含了书中多种案例的素材及源文件。另外，为了方便教学，本书配备了详尽的课堂练习和课后练习的操作步骤以及PPT课件、教学大纲等丰富的教学资源，任课老师可到人民邮电出版社教学服务与资源网（www.ptpedu.com.cn）免费下载使用。

　　本书由刘杰、姜晓旭任主编，戴敏利、蓝鑫、于同亚任副主编。

　　由于时间仓促，加之水平有限，书中难免存在错误和疏漏之处，敬请广大读者批评指正。

编者

2010年12月

目　录

第1章
节目宣传片

1.1 课堂案例
——韩国电影全接触宣传片

本章为一个电影栏目整体宣传中的其中之一（温情篇），栏目的要求在于传达一种温馨浪漫的感觉。案例效果如图1-1所示。

栏目提供的宣传词为3句话，所以并不需要制作多长的片子，总的来说在制作场景画面的时候要突出一个节奏舒缓、温馨的感觉。

为了更好地突出制作中软件之间的相互结合性，本章例子涉及到了Maya、3ds Max以及After Effects这3个软件的应用，下面就来看看它们之间是如何搭配使用并完成最终的成片的。

图1-1　案例效果

1.1.1　前期创意与制作思考

本小节主要是本例的前期创意和制作思考部分，两者对于一个片子的制作起到一个准备性的作用。

1.　前期创意

在拿到栏目的宣传词以后，首先要对其进行解读，了解大致的意思。本例中宣传词为"总有一部电影，会触动您的心灵；总有一些感悟，想与人分享；韩国电影全接触，为心灵做一次按摩。"

从宣传词来看，大致只需要3个画面即可表达整个片子的格调，即"温情"。也就是说，宣传词中的前两小段为两个场景画面，最后一小段为落版画面。

经过上述的画面划分后可以看到整个片子并不需要多复杂的画面来堆砌，而是以表达片子"温情"的主题为制作要点。

为了实现"温情"的画面格调，在拿到宣传词的那一刻我就联想到了纹理破碎的桌面上的像册以及一些贴有电影海报的纸片。此外，再配上一片黄叶以及玫瑰花，会将画面烘托得更加"温情"。在落版画面的设计上突出栏目的LOGO，并用光影的渲染来烘托一种温情的气氛，仿佛揭开那些曾经感动过您的尘封的记忆。

2.　制作思考

在经过上面的前期创意之后，接下来的工作就是如何实现这些创意，以及各个场景画面的元素该如何来搭建。在进行制作之前，还得理顺制作的一些要点，这样在制作的过程中才能做到心中有数。

首先需要在网上收集一些韩国电影方面的海报图片。注意尽量收集一些比较大的图片以保证制作时的显示质量。

另外还需要收集一张黄叶的图片，并在Photoshop中制作出贴图通道。"场景2"中的玫瑰花模型也是在最终合成之前要准备好的，而一张底纹的图片则是作为背景的最佳选择。

经过素材的一系列准备后就可以进行场景的制作了。首先在软件Maya中制作"场景1"和"场景2"的主体画面，落版场景是在3ds Max中完成的，其中渲染用到了VRay渲染器并使用VRay灯光进行光照，同时需要加入HDRI环境贴图使定版字更加绚丽。

制作完三大场景后，在After Effects中进行合成工作，其中如何调节好画面色调成为合成的重点工作。此外，还需要设置文字动画来装饰画面。

完成前面的所有工作之后，剩下的工作就是渲染输出成品，并在Vegas中进行背景音乐以及配音的合成，这样，整个片子就制作完成了。

理顺了上面的制作思路之后，后面的工作就十分清楚了，下面就来看看制作的过程。

1.1.2　第一场景的制作

本小节主要讲解了如何在Maya中搭建场景元素，并具体涉及到了Maya的材质、灯光的创建以及渲染输出的基本操作。

1.　场景的搭建

（1）启动Maya后，按下键盘上的F3键切换到"Modeling"模式下，然后选择"Create/NURBS Primitives/Plane"菜单命令来创建一个NURBS平面物体，如图1-2所示。

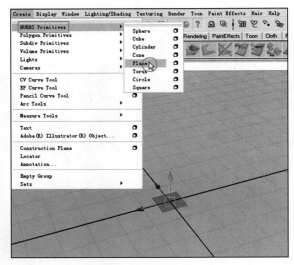

图1-2　创建NURBS平面

（2）按组合键Ctrl+A切换到物体的"通道栏"面板，修改Plane大小的值，如图1-3所示。

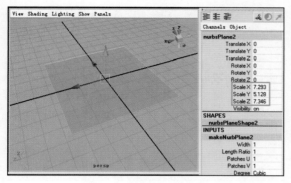

图1-3 修改Plane的大小

（3）继续利用"Create/NURBS Primitives/
Plane"命令创建一个NURBS平面物体作为后面
贴图的"纸片"，并修改它的U、V细分值，同
时调整它在场景中的位置，如图1-4所示。

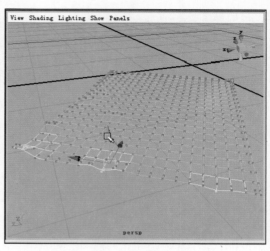

图1-5 调节控制点

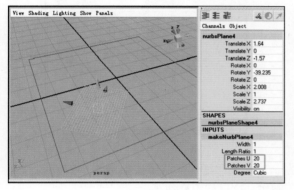

图1-4 创建第2个NURBS平面

（4）选择刚创建好的NURBS平面，然
后单击鼠标右键，在弹出的选项中拖曳选择
"Control Vertex"（控制点），选择后会以控制
点的显示状态呈现，此时就可以对这些点进行
调整了。为了达到类似"纸片"的效果，随意
拖曳一些点，使其位置发生一点变化，产生凹
凸不平的效果。注意，随意就行了，且不必过
多地调整，直到满意为止，如图1-5所示。

（5）继续创建多个NURBS平面，并按照
与上面相同的方法调整其形态和位置，最终将
这些"纸片"叠加在一起，如图1-6所示。

（6）按照场景的需要，还需要创建一片
黄叶。同样是选择创建NURBS平面，然后通过
调节控制点来调整黄叶的弯曲形态，如图1-7所
示，黄叶的最终形态将在后面通过透明通道贴
图来完成。

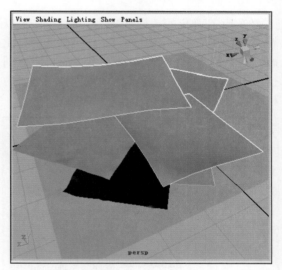

图1-6 创建多个NURBS平面

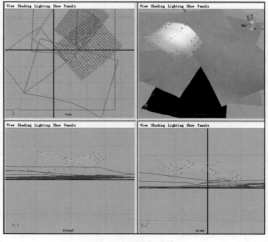

图1-7 创建叶片

2. 材质贴图

下面来为这些"纸片"进行材质贴图。

（1）选择"Window/Rendering Editors/Hypershade"菜单命令（见图1-8）打开"材质贴图"对话框。

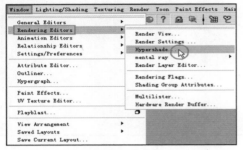

图1-8　打开"材质贴图"对话框

（2）在弹出的"材质编辑"对话框中可以看到右边上方的区域内已经存在3个默认的材质球，这里不用管它，只需要在左边的材质球创建栏中单击"Blinn"模式，即可创建一个新的材质球，如图1-9所示。

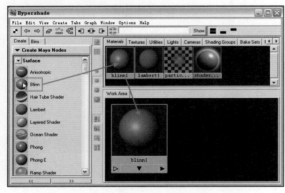

图1-9　创建"Blinn"材质球

（3）由于只是为"纸片"贴上一些海报图片，所以材质贴图的设置方面没有什么复杂的地方，只需要选择刚创建好的材质球，在其"材质属性"编辑面板中单击"Color"属性后面的按钮，在弹出的对话框中选择"File"，这样就为"Color"创建了一个"File"（文件）节点，如图1-10所示。

（4）创建好"File"（文件）节点后在其节点属性中选择需要的外部贴图文件，本例中是选择了海报贴图（配套光盘中的"第1章\贴图\1160034330727 copy.jpg"文件），如图1-11所示。

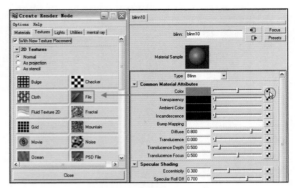

图1-10　创建"File"（文件）节点

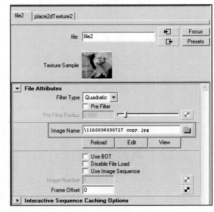

图1-11　选择文件贴图

其他"纸片"的海报贴图均用同样的方式制作，这里就不赘述了。

 提示

　　Maya中的"File"（文件节点）与3ds Max里选择外部文件贴图的原理是一样的，大家只要触类旁通即可明白。

（5）下面再来看看叶片的贴图，由于将用透明通道的贴图方式完成黄叶贴图，所以在贴图之前还要准备一张含通道的32位的TGA黄叶图。在Photoshop中为黄叶制作Alpha通道，如图1-12所示。

（6）在Maya的"材质编辑"对话框中创建一个新的"Lambert"材质球，同样为材质球的"Color"属性添加"File"（文件）节点，并指定刚才制作好的带通道的叶片贴图（配套光盘中的"第1章\贴图\yezi2.tga"文件），如图1-13所示。

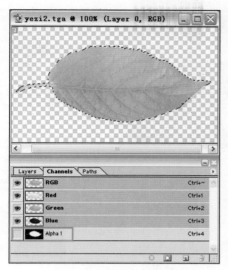

图1-12 制作叶片贴图

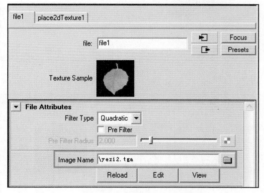

图1-13 选择叶片文件贴图

（7）再次转到"材质编辑"对话框，在"File 1"节点上按住鼠标中键不放，向右拖曳到"Lambert"材质球上，会弹出属性连接的快捷菜单，经过3次拖曳分别连接"Ambient Color"（环境色）、"Color"（自身颜色）和"Transparency"（透明度）属性，如图1-14所示。

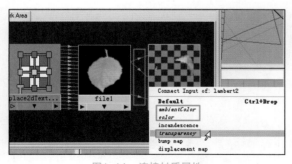

图1-14 连接材质属性

（8）经过上面的连接，在材质球的属性中可以清楚地看到新增加的3个节点，实际上也就是将黄叶文件贴图这个节点分别赋予了材质球的"Color"（自身颜色）、"Ambient Color"（环境色）以及"Transpareney"（透明度）属性，如图1-15所示。

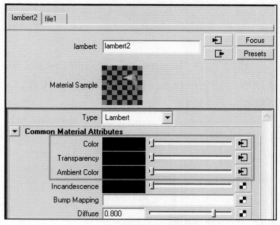

图1-15 材质参数设置

（9）最后再来为地面指定一个纹理贴图。创建一个新的"Blinn"材质球，同样为"Color"添加"File"（文件）节点，并选择一张纹理图片作为贴图（配套光盘中的"第1章\贴图\313ma copy.jpg"文件），如图1-16所示。

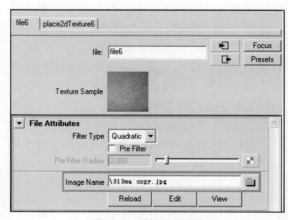

图1-16 选择纹理贴图

（10）在"File 6"节点上按住鼠标中键不放，向右拖曳到"Blinn"材质球上，系统会弹出"属性连接"的快捷菜单。为了达到凹凸的效果，这里选择连接"bump map"属性，如图1-17所示。

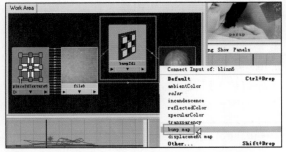

图1-17 连接"bump map"凹凸贴图属性

（11）在"bump map"节点的"属性"编辑面板，修改"Bump Depth"的值为"0.020"以降低一些凹凸度，如图1-18所示。

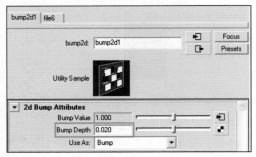

图1-18 修改"Bump Depth"的值

3. 动画设置

关于第1个场景的动画设置十分简单，为了营造片子需要的氛围，这里设置了两张"纸片"以及黄叶的飘落动画。当然，对于飘落只是进行了简单的模拟，操作步骤如下。

（1）选择其中的一张"纸片"，将当前时间指定到40帧的位置，按下Ctrl+A组合键转到"通道栏"，选择x、y、z这3个轴的位移和旋转属性，然后单击鼠标右键，在弹出的快捷菜单中选择"Key Selected"命令，如图1-19所示，这样就在100帧的位置为选中的6个属性都创建好了关键帧。

（2）然后将时间指定到1帧的位置，改变"纸片"的位置和旋转角度，按照前面同样的方式记录下第2组关键帧，如图1-20所示。

"纸片2"的动画设置与上面类似，只不过动画的范围为20～50帧之间，这里就不再赘述了。下面来看黄叶的动画设置。

（3）在时间为30帧的位置设置叶片的位置和旋转属性，如图1-21所示。

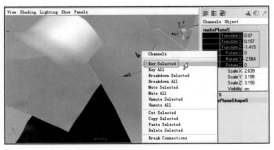

图1-19 创建第一组关键帧

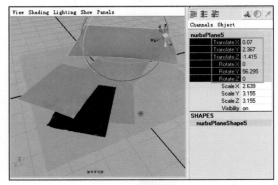

图1-20 创建第2组关键帧

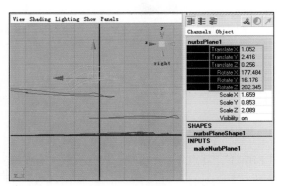

图1-21 叶片的第一组关键帧

（4）将时间指定到80帧的位置，改变黄叶的位置和旋转角度，按照前面同样的方式记录下第2组关键帧，如图1-22所示。

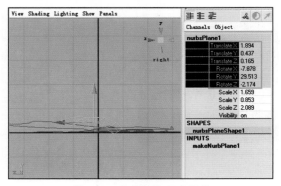

图1-22 黄叶的第2组关键帧

4. 添加灯光

完成前面的工作之后，再来对灯光进行设置。

（1）选择"Create/Lights/Point Light"菜单命令，创建一个点光源，如图1-23所示。

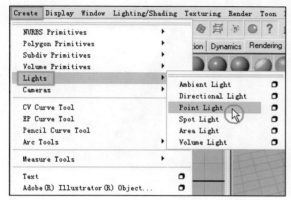

图1-23　创建点光源

（2）点光源的参数设置如图1-24所示。

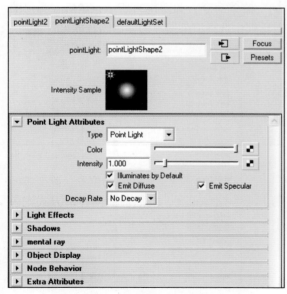

图1-24　点光源参数设置

（3）选择刚创建好的点光源，按下组合键Ctrl+D复制一盏点光源，然后分别调整它们在场景中的位置，最终位置如图1-25所示。

（4）对当前的透视图场景进行渲染，测试结果如图1-26所示。

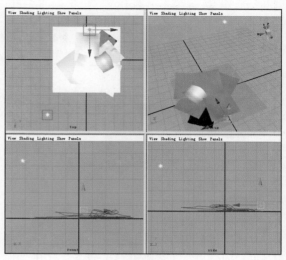

图1-25　调整点光源的位置

图1-26　测试当前渲染效果

观察图1-26可以发现整个氛围环境太单调，明暗的光影变化没有很好地体现出来，下面就来解决这个问题。

（5）选择点光源，在其属性编辑面板中展开"Shadows"属性，勾选"Use Ray Trace Shadows"（光线跟踪阴影），如图1-27所示。

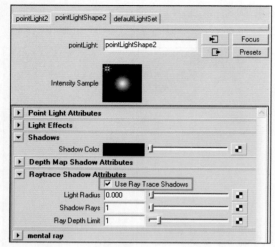

图1-27　勾选"Use Ray Trace Shadows"（光线跟踪阴影）

（6）然后选择"Window/Rendering Editors/Render Settings"（渲染设置）命令，打开"渲染设置"对话框，如图1-28所示。

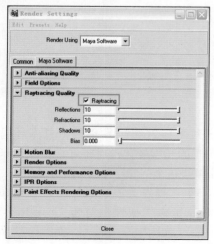

图1-28　选择"Render Settings"命令

（7）在弹出的"渲染设置"对话框中展开"Raytracing Quality"属性，然后勾选"Raytracing"选项，如图1-29所示。

再一次对透视图进行渲染，会发现这次的效果比开始好了很多，如图1-30所示。

图1-30　使用光线跟踪阴影的渲染效果

5. 渲染输出序列图片

（1）因为场景本身并不复杂，也没有什么复杂的文件，所以本例省去了创建新的项目，而是直接指定了渲染目录。选择"File/Project/Set"菜单命令，如图1-31所示，然后在弹出的对话框中选择渲染图片的输出路径即可。

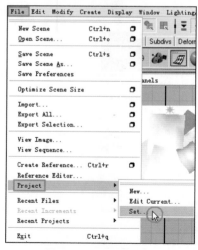

图1-31　设置输出路径

 提示

在用Maya制作比较大的项目的时候，一般需要在开始制作之前创建一个新的项目，在建立了这个新的项目后，会自动将各种文件分类管理，这样会更有条理性。

图1-29　勾选"Raytracing"（光线跟踪渲染）

创建方法就是选择"File/Project/New"菜单命令即可，在弹出的对话框中，可以自己为每部分命名来规范文件管理，也可以单击"Use Defaults"默认按钮，如图1-32所示。

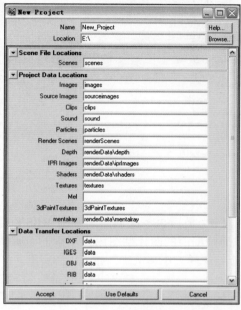

图1-32 创建新的项目

（2）在"渲染设置"面板中，设置输出的文件格式为"Targa（tga）"，文件名类型为"name. # .ext"，起始帧为第1帧，结束帧为第80帧。同时还需要设置输出的分辨率大小为"720×576"的模式，这里是选择了预置里的"CCIR PAL /Quantel PAL"模式。选择了此预置后，图像的像素比、纵横比都已经自动设定好了，如图1-33所示。

提示

在进行渲染设置的时候，一般用于电视播放的输出要使用"720×576"的分辨率模式。同时还需注意输出帧的起始范围以及渲染的是否是所需要渲染的视图，以免重复渲染和错误渲染视图。比如在本例中没有摄像机，所以直接按默认的透视图来渲染。

（3）下面还需要将渲染质量设置为最高，单击"渲染设置"面板中的"Maya Software"选项卡，然后在"Quality"右边的下拉列表中选择"Production Quality"，此时的"Edge

Anti-aliasing"（抗锯齿）质量会自动转变为"Highest Quality"，如图1-34所示。

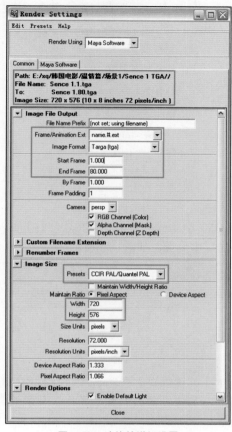

图1-33 渲染的详细设置

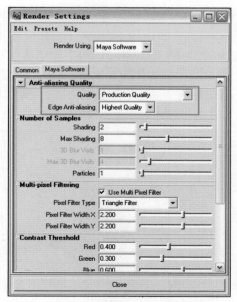

图1-34 设置渲染质量

（4）按下键盘上的F5键切换到"Rendering"（渲染）模式下，然后选择"Render/Batch Render"菜单命令就可以进行渲染了，如图1-35所示。

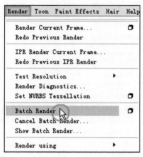

图1-35　选择"Batch Render"进行最终渲染

（5）渲染的后台信息会在软件右下方的一个小窗口中呈现，如图1-36所示。

图1-36　渲染信息

1.1.3　第2场景的制作

本小节继续讲解在Maya中进行材质、灯光的创建以及渲染输出的基本操作，并最终完成"场景2"的搭建。

1. 场景的搭建

（1）打开Maya后，仍然是按下键盘上的F3键切换到"Modeling"模式下。然后在选择"Create/NURBS Primitives/Plane"菜单命令创建一个NURBS平面物体作为地面，同时按组合键Ctrl+A切换到"通道栏"显示方式，修改其大小，如图1-37所示。

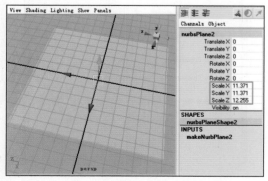

图1-37　创建NURBS平面

（2）选择"Create/Polygon Primitives/Cube"菜单命令创建一个网格几何体作为模拟的画框，如图1-38所示。

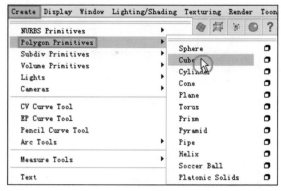

图1-38　创建"Cube"几何体

（3）最后再一次创建一个NURBS平面物体作为画框内的图片贴图用。调整上面所创建的3个物体的大小和位置，如图1-39所示。

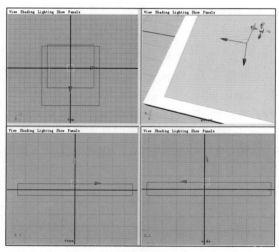

图1-39　调整物体大小和位置

2. 材质贴图

下面来为这3个物体进行材质贴图。

（1）选择菜单"Window/Rendering Editors/Hypershade"命令，打开"材质贴图"对话框。按照场景中类似的贴图方式，这里所进行的材质贴图工作也十分简单，仍然是利用"File"（文件）贴图节点来完成，图1-40所示为地面材质贴图的参数设置。

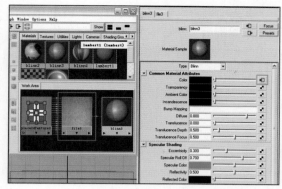

图1-40　地面材质贴图的参数设置

（2）创建一个"Blinn"材质球，制作画框的贴图材质，这里不是直接建模，而是利用贴图的方式来完成的。为刚创建的材质球的"Color"添加一个"File"节点，选择一张画框的图片作为贴图即可（配套光盘中的"第1章\贴图\画框2.tga"文件），如图1-41和图1-42所示。

图1-41　画框贴图

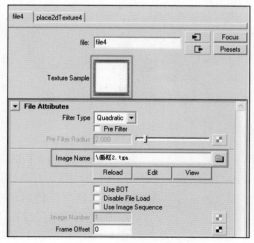

图1-42　选择画框贴图

（3）为了模拟突出画框的凹凸感觉，这里再次用到了Bump凹凸贴图来实现。在"File 4"节点上按住鼠标中键不放，向右拖曳到"Blinn"材质球上，会弹出"属性连接"的快捷菜单，选择连接"bump map"属性，如图1-43所示。

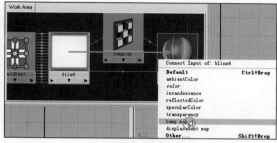

图1-43　连接"bump map"凹凸贴图属性

（4）在"bump map"节点的"属性"编辑面板，修改"Bump Depth"的值为"0.25"以降低一些凹凸度，如图1-44所示。

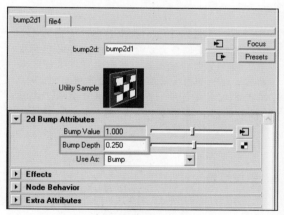

图1-44　修改"Bump Depth"的值

（5）画框内的海报材质贴图与前面的文件贴图方式一样，具体设置如图1-45所示。

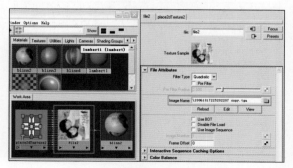

图1-45　画框海报贴图的参数设置

（6）在透视图中按下快捷键6显示贴图，会发现海报贴图的方向不对，这时选择"File 2"文件节点，然后单击"Place2dTexture2"标签，修改"Rotate UV"的值为"270"，这样问题就解决了，如图1-46所示。

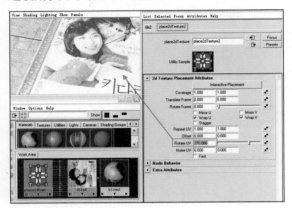

图1-46　修改贴图方向

提示

关于"Place2dTexture2"标签，它是用于控制贴图的位置偏移、方向角度以及UV的重复值等等的一个坐标控制器，利用它可以很好地对贴图进行一些简单的控制，而通常所用的UVW贴图方式则要复杂一些，控制也更准确、广泛一些。总之，这里的"Place2dTexture2"标签也就是个小小的贴图控制器而已。

3. 添加灯光

完成前面的工作之后，再来进行灯光的设置。

（1）在菜单"Create"中选择"Lights/Spot Light"创建一个聚光灯光源，如图1-47所示。

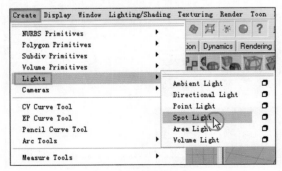

图1-47　创建聚光灯

（2）调整聚光灯在场景中的位置和角度，如图1-48所示。

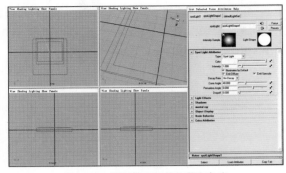

图1-48　调整聚光灯的位置和角度

（3）选择"Create/Lights/Point Light"菜单命令创建一个点光源，修改其发光强度以及在场景中的位置，如图1-49所示。

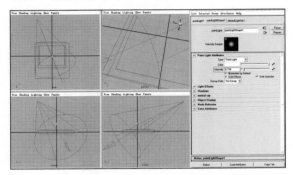

图1-49　设置并调整点光源的位置

完成灯光的设置后进行渲染测试，最后的测试图如图1-50所示。

图1-50　测试渲染

4. 渲染并保存图片

（1）同前面第1场景的设置相同，需要将渲染质量设置为最高。单击"渲染设置"对话框中的"Maya Software"选项卡，然后在"Quality"右边的下拉列表中选择"Production Quality"，此时的"Edge Anti-aliasing"（抗锯齿）质量会自动转变为"Highest Quality"，如图1-51所示。

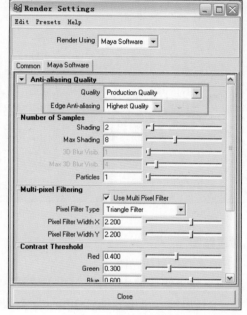

图1-51 设置渲染质量

（2）另外，还需将渲染尺寸设置为"720×576"的模式，这里是选择了预置里的"CCIR PAL/Quantel PAL"模式，选择了此预置后，图像的像素比和纵横比例就会自动设定好，如图1-52所示。

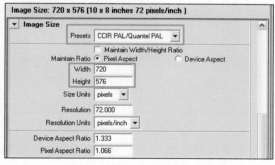

图1-52 设置渲染尺寸

（3）再次按下渲染按钮对透视图场景进行

成品渲染，效果如图1-53所示。

图1-53 成品渲染

（4）渲染完成后不要关闭"渲染"窗口，因为还需要保存一张图片，然后到后期合成中去做模拟的镜头推拉动画效果。单击"渲染"窗口中的"Save Bitmap"按钮，在弹出的对话框中选择一个路径，并保存为"TGA"格式的图片文件就可以了，如图1-54所示。

图1-54 保存渲染图片

1.1.4 落版场景的制作

本小节主要讲解了如何在3ds Max中搭建落版场景元素，具体涉及到了AI文件的导入并制作相关倒角，以及创建灯光并利用VRay渲染器进行渲染输出的操作。

1. 场景的搭建

（1）在3ds Max中创建一个"Box"作为定版场景的地面，并调整其大小和位置，如图1-55所示。

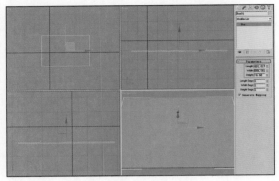

图1-55 创建"Box"

（2）选择"File/Import"菜单命令，在弹出的"Select File to Import"（选择要导入的文件）对话框中选择定版的LOGO字体的AI文件，如图1-56所示。

图1-56 导入LOGO字体的AI文件

（3）导入进场景后在"修改"面板中将"Steps"的值设置到最大的"100"，如图1-57所示。

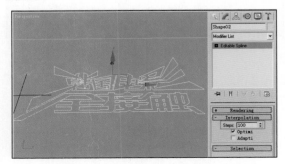

图1-57 修改"Steps"值

（4）选择字体线段，在"修改"面板中选择"Bevel"倒角命令，设置倒角参数，如图1-58所示。

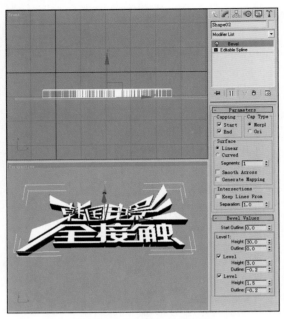

图1-58 加入"Bevel"倒角

2. 材质贴图

下面来制作材质贴图。

（1）按下快捷键M打开"材质编辑器"，选择一个材质球，单击它的"Diffuse"右边的按钮，在弹出的对话框中双击"Bitmap"类型，如图1-59所示。

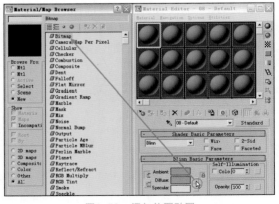

图1-59 添加位图贴图

选择配套光盘中的"第1章\素材\地板贴图.jpg"文件作为贴图，如图1-60所示。

图1-60 选择纹理图片

（2）选择"Rendering/Render"菜单命令，打开"渲染场景"面板，然后展开"Assign Render"卷展栏，单击"Production"右边的按钮，在弹出的新对话框中选择"Vray"渲染器（前提是在启动3ds Max之前装好了VRay渲染器），如图1-61所示。

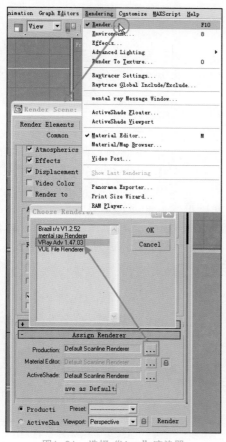

图1-61 选择"Vray"渲染器

（3）在"材质编辑器"中选择第2个材质球，单击"Standard"按钮，在弹出的对话框中选择"VrayMtl"材质类型，如图1-62所示。

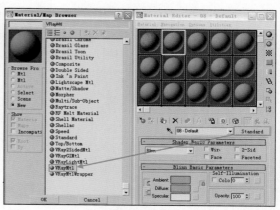

图1-62 选择"VrayMtl"材质类型

（4）修改"Diffuse"（过渡色）为全白，然后将反射颜色设置为偏灰一些的颜色，如图1-63所示。

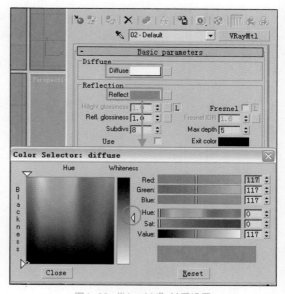

图1-63 "VrayMtl"材质设置

🔖 提示

　　在设置"VrayMtl"材质的时候，反射颜色为全白色即表示完全反射。相反，全黑表示不反射，中间状态为不同程度的反射。同样的道理，折射方面，全白表示完全折射，比如设置玻璃材质的时候，可以将反射颜色稍微偏离黑色，而折射颜色则要设置为全白，因为玻璃的折射远远大于反射。在本例中只设置了一半的反射效果。

（5）为了使LOGO文字有点凹凸的颗粒效

果，继续展开该材质球的"Maps"选项，单击"Bump"通道按钮，在弹出的对话框中选择"Noise"（噪波）贴图，如图1-64所示。

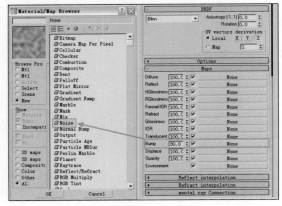

图1-64　选择"Noise"贴图

（6）设置Noise的类型为"Fract"，"Size"为"0.4"，这样噪波的凹凸颗粒会小很多，正符合本例所需要的效果，如图1-65所示。

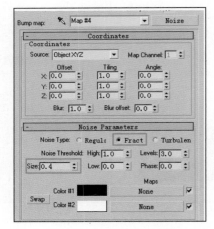

图1-65　Noise的参数设置

 提示

这里需要注意下，"Size"的数值一定要设置的很小，不然最后的凹凸效果就不会是细微的颗粒。

（7）材质设置完毕后分别选择地面和LOGO文字，将刚才创建好的两个材质球赋予它们即可，如图1-66所示。

图1-66　将材质赋予物体

3．添加灯光

完成了前面的场景搭建以及材质的制作，下面来给场景打上灯光烘托下氛围。

（1）在"创建"面板中选择"VrayLight"灯光，如图1-67所示。

图1-67　创建"VrayLight"灯光

（2）因为"VrayLight"灯光是一种面光源的类型，所以单击后要在场景中进行拖曳来创建灯光的范围，同时调整灯光的位置和角度，并勾选"Invisib"选项以便让灯光的光源面板在渲染时不可见，具体设置如图1-68所示。

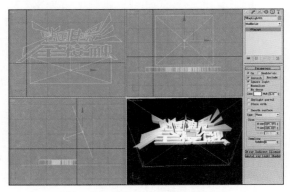

图1-68　调整灯光参数和位置角度

4．渲染输出

（1）在当前状态下对透视图场景进行渲染

测试，渲染效果如图1-69所示。

图1-69　渲染测试

（2）按下快捷键F10再次打开"渲染场景"对话框，单击上面的"Renderer"选项卡，然后来设置VRay渲染器的参数。首先展开"Global switches"选项，去掉"Default"的勾选，意思是取消场景的默认灯光。然后展开"GI"选项，勾选"On"选项打开GI全局照明渲染。另外，将渲染质量设置为自定义的模式，设置"Min rate"的值为"-2"，"Max rate"的值为"-3"，具体设置如图1-70所示。

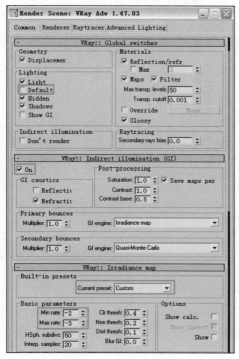

图1-70　渲染参数设置

（3）展开渲染器的"Environment"选项，勾选"Override"选项，并单击右边的"None"按钮，在弹出的对话框中选择"VRayHDRI"，这里的目的是为场景加入一个HDRI的环境反射，如图1-71所示。

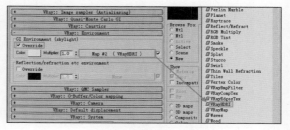

图1-71　添加HDRI环境

（4）用鼠标左键按住"VRayHDRI"不放，将它拖曳到一个新的材质球上，在弹出的对话框中选择"Instance"关联方式。为HDRI map选择一个HDRI贴图，同时修改"Multiplier"倍增值为"2.0"，"Map type"方式为"Spherical"（球形方式），如图1-72所示。

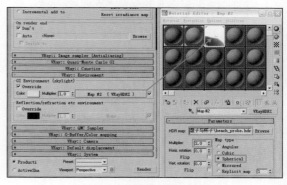

图1-72　设置HDRI贴图

（5）在进行最后的成品图渲染之前，还需要设置输出的尺寸大小。在"渲染"设置面板中单击"Common"选项卡，选择"Output Size"为"PAL D-1（video）"，如图1-73所示。

完成上面所有的设置后再次按下渲染按钮，对透视图进行成品渲染，效果如图1-74所示。

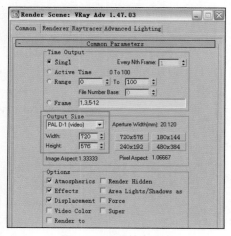

图1-73 设置输出尺寸

图1-74 渲染成品

（6）渲染完成后不要关闭"渲染"窗口，因为还需要保存一张图片，然后到后期合成中去做模拟镜头推拉动画效果。单击"渲染"窗口中的"Save Bitmap"按钮 ，在弹出的对话框中选择一个路径，将图片保存为"TGA"格式的文件就可以了，如图1-75所示。

图1-75 保存渲染图片

1.1.5 在After Effects中合成镜头

本小节主要讲解了在After Effects中的合成过程，其中如何合理地利用调色工具去把握画面的整体色调和气氛，以及画面构图的仔细推敲是本小节中要学习的重点。

1. "场景1"的合成

（1）首先启动 After Effects CS3，新建一个合成，命名为"Sence 1-1"，选择"Preset"为"PAL D1/DV"的"720×576"的分辨率模式，"Pixel Aspect Ratio"（像素比）为"1.07"，"Frame Rate"（帧速率）为"每秒25帧"，"Duration"（持续时间长度）为"8秒1帧"，如图1-76所示。

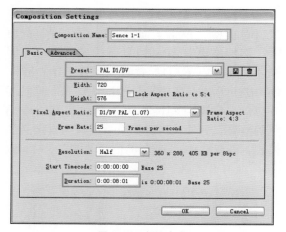

图1-76 新建合成

〰️ 提示

在影视制作的合成工作中，一般都要选择PAL制式相关的参数设置，以保证最后的分辨率和帧速率等符合电视播放的要求。当然，如今的高清制作也趋于流行，部分特殊的作品也有可能用到更高的分辨率设置。一般的情况下，大家在合成之初还是注意首先将这里设置好。

（2）在"项目"面板中双击导入素材，在弹出的对话框中选择已经在Maya中渲染好的第一场景序列帧的第1帧，注意勾选左下角的"Targa Sequence"选项，这样才能将整个序列导入到After Effects中，如图1-77所示。

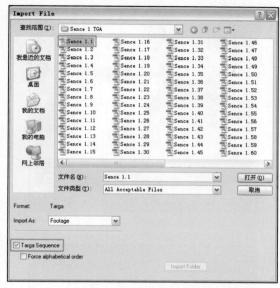

图1-77　导入第一场景序列

（3）选择导入进来的序列图片，按下组合键Ctrl+F打开"素材设置"对话框，将"Assume this frame rate"（帧速率）由"30"修改为"25"，其他保持不变，如图1-78所示。

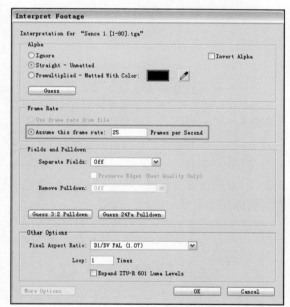

图1-78　修改帧速率

（4）继续导入序列图片的最后一帧，也就是第80帧，同时在"项目"面板中新建一个文件夹，命名为"Sence 1"，然后将导入的文件和合成都拖曳其中，如图1-79所示。

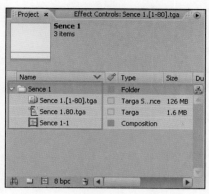

图1-79　建立"场景1"合成的文件夹

提示

在进行后期合成的时候，最好在"项目"面板中建立文件夹，这样有利于对导入的各种素材文件进行有效的管理，避免文件过多时所产生的不必要的麻烦。

（5）将序列图片和第80帧图片同时拖曳到合成"Sence 1-1"的"时间线"面板中，并调整好它们的位置，如图1-80所示。

图1-80　载入为图层

（6）选择"Sence 1.[1-80].Tga"图层，为它添加"Effect/DFT 55mm v5/55mm Photographic Filters"特效，添加后的参数设置和效果如图1-81所示。

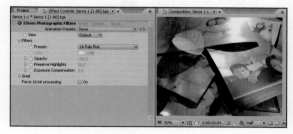

图1-81　添加"55mm Photographic Filters"特效

（7）继续为"Sence 1.[1-80].Tga"图层添加"Effect/Color Correction/Hue/Saturation"特效，在"特效"面板中调整"Master Saturation"（饱和度）的值为"50"，如图1-82所示。

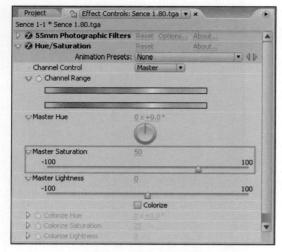

图1-82 饱和度的设置

图1-84 当前状态下的画面效果

（8）继续为画面调色，为"Sence 1.[1-80].Tga"图层添加"Effect/DFT Digital Film Lab 2/Digital Film Lab 2"特效。在"特效"面板中单击"Digital Film Lab 2"特效的"Preset"（预置）右边的按钮，在弹出的下拉菜单中选择"Load"命令，打开"选择预置"对话框，然后进入文件夹"Color Looks"，选择"bleach diffusion.Dfl"效果，如图1-83所示。

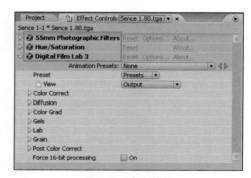

图1-85 复制特效

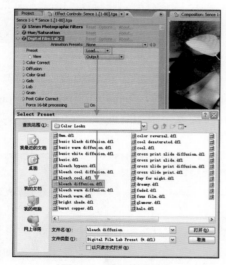

图1-83 选择预置效果

完成设置后当前的画面效果如图1-84所示。

（9）下面将"Sence 1.[1-80].Tga"图层的3个已经添加并设置好的特效分别复制给"Sence 1.80.Tga"图层，以保证后面静帧部分的调色效果和前面是相同的，如图1-85所示。

提示

　　关于特效的复制方法很简单，也就是按Ctrl+C组合键复制，然后在需要的层上按Ctrl+V组合键粘贴即可。

（10）新建一个合成，命名为"Sence 1-2"，参数设置与合成"Sence 1-1"的设置相同，如图1-86所示。

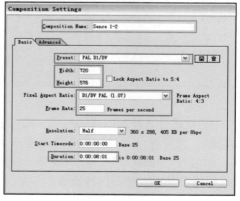

图1-86 新建合成

（11）将合成"Sence 1-1"拖曳到合成"Sence 1-2"中成为图层，利用圆形Mask工具为图层绘制蒙板，同时修改"Mask Feather"（羽化值）为"100%"，如图1-87所示。

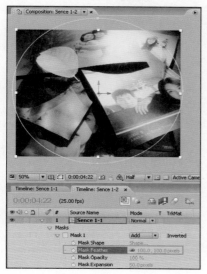

图1-87　添加Mask蒙板

（12）为图层添加"Effect/DFT 55mm v5/55mm Gold Reflector"特效，如图1-88所示。

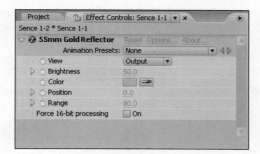

图1-88　添加"55mm Gold Reflector"特效

（13）为此图层添加"Effect/DFT 55mm v5/55mm Light Balancing"特效，如图1-89所示。

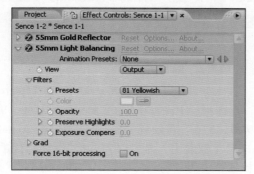

图1-89　添加"55mm Light Balancing"特效

（14）选择"Sence 1-1"图层，按组合键Ctrl+D复制一层，再修改上面一层的图层叠加方式为"Soft Light"模式，如图1-90所示。

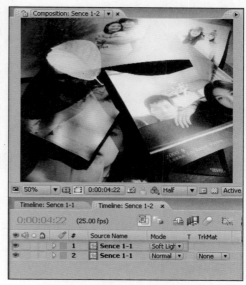

图1-90　复制层并修改叠加模式

（15）选择位于上面的"Sence 1-1"图层，为它添加"Effect/Color Correction/Hue/Saturation"特效，在"特效"面板中调整"Master Saturation"（饱和度）的值为"50"，同时改变"Master Hue"的值为"0×-176.0°"，如图1-91所示。

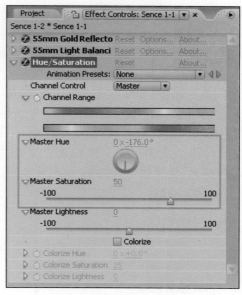

图1-91　"Hue/Saturation"的参数设置

调节完毕后的画面效果如图1-92所示。

图1-92　调整饱和度后的效果

（16）下面来制作一些飞舞的雪花点，增加一点浪漫的氛围。在当前合成"Sence 1-2"中新增一个Solid层，如图1-93所示。

图1-93　新增Solid层

（17）为刚创建的Solid层添加"Effect/Trapcode/Particular"特效，在"特效"面板中单击"Particular"特效"Animation Presets"右边的按钮，在弹出的下拉列表中选择"t_SnowyNight1"预置效果，如图1-94所示。

t_SmokeDark
t_SmokeDarker
t_SmokeMagic
t_SmokeSky
t_SmokeType
t_SmokeWizard
t_SnowyNight1
t_SnowyNight2
t_StarfieldStatic1
t_StarfieldStatic2

图1-94　选择"t_SnowyNight1"预置效果

（18）展开"Particular"特效的"Emitter"属性，修改"Particles/sec"（每秒发射的粒子数）的值为"300"，如图1-95所示。

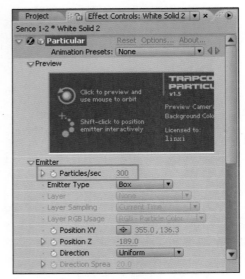

图1-95　修改"Particles/sec"的值

设置完毕后播放动画，发现画面中出现了雪花飘落的效果，如图1-96所示。

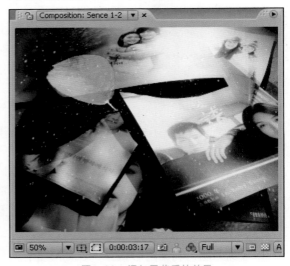

图1-96　添加雪花后的效果

2. "场景2"的合成

（1）新建一个合成，命名为"Sence 2"，选择"Preset"为"PAL D1/DV"的"720×576"的分辨率模式，"Pixel Aspect Ratio"（像素比）为"1.07"，"Frame Rate"（帧速率）为"每秒25帧"，"Duration"（持续时间长度）为"8秒1帧"，如图1-97所示。

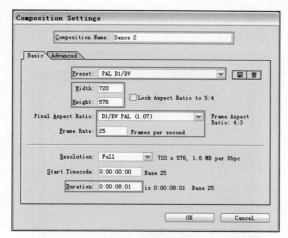

图1-97　新建合成

图1-99　绘制Mask蒙板

（2）在"项目"面板中双击导入素材，这里将导入"场景2"需要的场景画面、一张渲染好的海螺和一张玫瑰花的装饰图片。继续在"项目"面板中新建一个文件夹，命名为"Sence 2"，然后将导入的文件和合成"Sence 2"都拖曳其中，如图1-98所示。

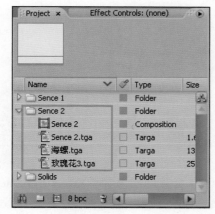

图1-98　导入素材

（3）将"Sence 2.Tga"拖曳到合成"Sence 2"中成为图层，利用圆形Mask工具为图层绘制蒙板，同时修改"Mask Feather"（羽化值）为"100%"，如图1-99所示。

 提示

　　有时候画面需要用Mask绘制蒙板并进行适当的羽化来达到明暗变化控制的效果，这样画面才不会显得特别生硬。

（4）为了保持前后场景色调的一致性，选择合成"Sence 1-2"中的"Sence 1-1"图层，分别复制该图层的"55mm Gold Reflector"、"55mm Light Balancing"和"55mm Warm Mist 3"个特效，粘贴给合成"Sence 2"中的"Sence 2.Tga"图层，如图1-100所示。

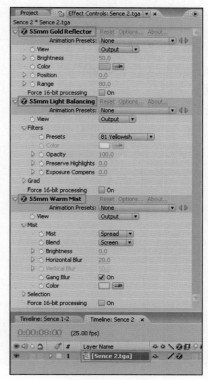

图1-100　复制特效

（5）选择"Sence 2.Tga"图层，按Ctrl+D组合键将其复制一层，同时修改上面一层的图层叠加方式为"Soft Light"模式，如图1-101所示。

图1-101　复制层并修改叠加方式

（6）在新复制层的"特效"面板中，修改它的"55mm Warm Mist"特效的"Brightness"（亮度）值为"50"，如图1-102所示。

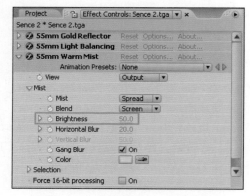

图1-102　修改"Brightness"的值

（7）为"Sence 2.Tga"图层添加"Effect/Color Correction/Hue/Saturation"特效，在"特效"面板中调整"Master Saturation"（饱和度）的值为"50"，同时改变"Master Hue"的值为"0×-176.0°"，如图1-103所示。

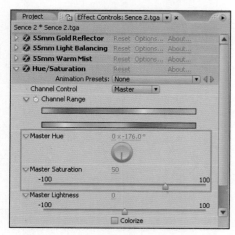

图1-103　"Hue/Saturation"的参数设置

设置完毕后，当前状态下的画面效果如图1-104所示。

图1-104　当前状态下的画面效果

（8）将玫瑰花图片拖曳到当前合成中成为一个图层，然后为它添加"Effect/DFT 55mm v5/55mm Glow"特效，参数设置如图1-105所示。

图1-105　添加"55mm Glow"特效

（9）为该图层添加"Effect/Perspective/Drop Shadow"特效，在"特效"面板中设置阴影的参数，如图1-106所示。

图1-106　添加"Drop Shadow"特效

提示

在后期合成中巧妙的利用了阴影特效来模拟三维中的阴影效果，有时候用这种方法可以省去三维渲染的时间，当然，是否实用于当前的片子还要视情况而定。

（11）为"玫瑰花"图层添加"Effect/DFT 55mm v5/55mm Silver Reflector"特效，修改其"Brightness"（亮度）值为"20"，如图1-109所示。

图1-109 添加"55mm Silver Reflector"特效

在添加了阴影特效后的画面效果如图1-107所示。

图1-107 添加阴影后的效果

（10）从玫瑰花当前的色调来看，处于一种比较黑的状态，下面再通过添加几个调色特效来改变现状。选择"玫瑰花"图层，继续为它添加一个"Effect/DFT 55mm v5/55mm Glow"特效，然后修改其"Brightness"（亮度）值和"Horizontal Blur"（横向模糊）值，如图1-108所示。

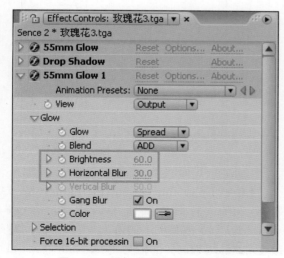

图1-108 添加"55mm Glow"特效

（12）最后再为图层添加一个"Effect/Color Correction/Hue/Saturation"特效，在"特效"面板中调整"Master Saturation"（饱和度）的值为"-14"，同时改变"Master Hue"的值为"0×+5.0°"，如图1-110所示。

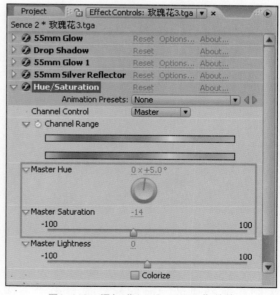

图1-110 添加"Hue/Saturation"特效

（13）选择"Channel Control"（通道控制）中的"Reds"（红色通道），适当降低一下红色的饱和度，如图1-111所示。

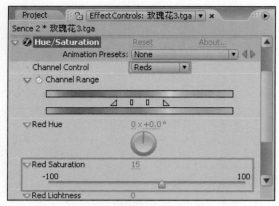

图1-111 调整红色通道的饱和度

 提示

关于"Hue/Saturation"特效的使用，不一定只是局限于调整整体的（Master）色调，而是在需要的时候选择单独的通道来分别调整，这样就具备了单独控制颜色通道的优势。

（14）经过上面的一系列颜色调整，目前玫瑰花的色调已经有所改观了，画面效果如图1-112所示。

图1-112 调整后的画面效果

（15）下面再将导入的海螺素材载入到当前合成的"时间线"面板中成为图层，将海螺放到画面中合适的位置，缩小并调整其旋转角度，然后为它添加"Effect/Perspective/Drop Shadow"特效，在"特效"面板中设置"Direction"（阴影角度）为

"0×+245.0°"，"Distance"（阴影距离）为"30.0"，"Softness"（羽化程度）为70.0，如图1-113所示。

图1-113 调整位置并添加阴影特效

（16）选择"海螺"图层，为它添加"Effect/Color Correction/Curves"特效，然后在"特效"面板中调节曲线控制点，如图1-114所示。

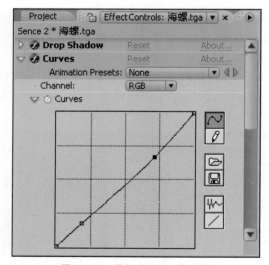

图1-114 添加"Curves"特效

（17）下面再为"海螺"图层添加一个"Effect/Color Correction/Hue/Saturation"特效，在"特效"面板中调整"Master Saturation"（饱和度）的值为"-10"，同时改变"Master Hue"的值为"0×+5.0°"，如图1-115所示。

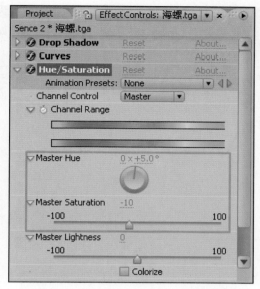

图1-115 添加"Hue/Saturation"特效

调整后的画面效果如图1-116所示。

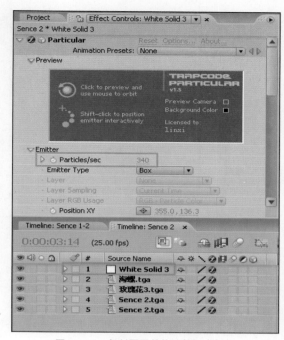

图1-117 复制图层并修改粒子发射数

图1-116 调整完毕后当前的画面效果

（18）为了达到与第1场景中一样的雪花飞舞效果，在当前的"场景2"中，只需要将第1场景中的"雪花"图层拷贝过来即可。经过图层的复制粘贴后，在"特效"面板中将其"Particles/sec"（每秒发射的粒子数）的值修改为"340"，如图1-117所示。

（19）拖曳"时间线"面板中的时间滑块，播放当前的动画，就可以观察到在"场景2"中也出现了雪花飞舞的动画，画面效果如图1-118所示。

图1-118 添加了雪花飞舞的画面效果

3. 落版场景的合成

（1）新建一个合成，命名为"Sence 3"，选择"Preset"为"PAL D1/DV"的"720×576"的分辨率模式，"Pixel Aspect Ratio"（像素比）为"1.07"，"Frame Rate"（帧速率）为"每秒25帧"，"Duration"（持续时间长度）为"6秒1帧"，如图1-119所示。

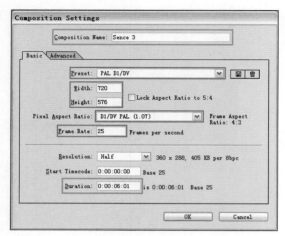

图1-119　新建合成

（2）在"项目"面板中双击，导入"场景3"需要的场景画面以及在Photoshop中制作好的色块，然后在"项目"面板中新建一个文件夹，命名为"Sence 3"，再将导入的文件和合成"Sence 3"都拖曳其中，如图1-120所示。

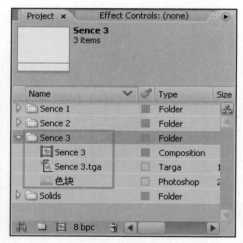

图1-120　导入素材

（3）将素材"Sence 3.Tga"拖曳到合成"Sence 3"的"时间线"面板中，再为它添加"Effect/Color Correction/Hue/Saturation"特效，然后在"特效"面板中调整"Master Saturation"（饱和度）的值为"-69"，如图1-121所示。

（4）为了突出明暗对比，继续为"Sence 3.Tga"图层添加"Effect/Color Correction/Curves"特效，然后在"特效"面板中调节曲线控制点，如图1-122所示。

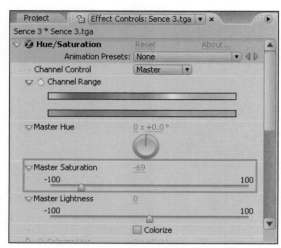

图1-121　添加"Hue/Saturation"特效

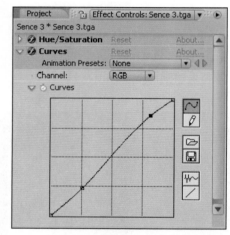

图1-122　添加"Curve"特效

完成色调调整后的画面效果如图1-123所示。

图1-123　调整色调后的画面效果

（5）下面来制作一段色块的动画以引出最

后的定版文字。先新建一个合成，命名为"色块和"，如图1-124所示。

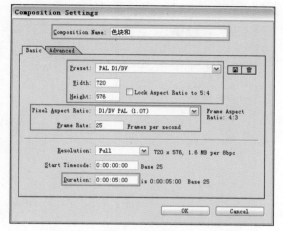

图1-124 新建合成

（6）增加一个Solid层作为临时的背景，然后将色块素材拖曳到当前的合成中，并调整图层的入点到时间0：00：02：06的位置；再选择"色块"图层，按下快捷键T展开图层的透明度属性，在时间0：00：02：06的位置设置"Opacity"的值为"4%"；在时间0：00：02：10的位置设置"Opacity"的值为"100%"；在时间0：00：02：15的位置设置"Opacity"的值为"0%"，如图1-125所示。

图1-125 设置关键帧

（7）保持"色块"图层的选择，利用组合键Ctrl+D将其复制出10层，并通过修改各自的"Scale"（大小）属性以及前后的排列位置来达到从左到右的色块渐变动画的效果，如图1-126所示。

图1-126 复制图层并调整动画

（8）完成后的色块渐变动画过程如图1-127所示。

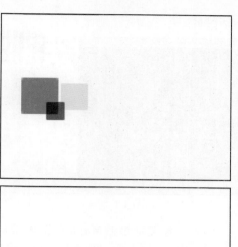

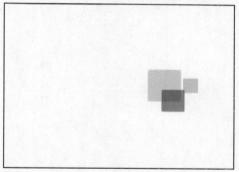

图1-127 色块渐变动画过程

（9）选择所有的"色块"图层，修改她们的叠加方式为"Overlay"，同时关闭白色背景层的显示，如图1-128所示。

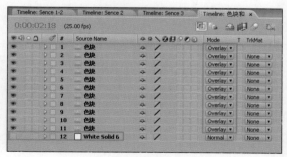

图1-128 修改叠加方式

（10）下面再次回到合成"Sence 3"中，利用工具箱中的文字工具创建一段文字，如图

1-129所示。

图1-129　创建文字

（11）为文字绘制Mask，设置"Mask Feather"（羽化值）为"43.0"，并制作Mask动画，然后在时间为0：00：01：19～0：00：04：05的时间段，制作Mask拉出文字的动画效果，如图1-130所示。

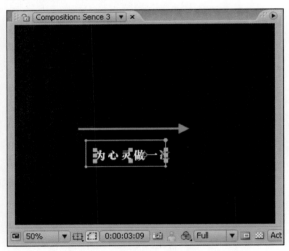

图1-130　制作文字的Mask动画

（12）为文字制作一段缩放文字大小的动画。在时间为0：00：01：19的位置，设置文字层的"Scale"值为"90.0%"；在时间为0：00：05：11的位置，设置文字层的"Scale"值为"100.0%"；关键帧如图1-131所示。

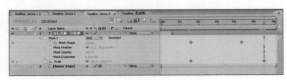

图1-131　关键帧的设置

（13）保持文字图层的选择，为它添加"Effect/Blur&Sharpen/Gaussian Blur"特效以及

"Effect/Perspective/Drop Shadow"特效，然后在"特效"面板中调整"Blurriness"（高斯模糊）的模糊值为"40.0"，具体如图1-132所示。

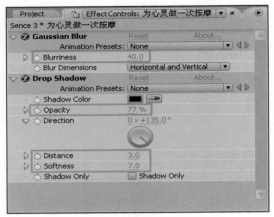

图1-132　调节特效参数

（14）下面来为"高斯模糊"设置动画。在时间为0：00：01：19的位置，设置"Blurriness"模糊值为"40.0"；在时间为0：00：04：05的位置，设置"Blurriness"模糊值为"0"，关键帧如图1-133所示。

图1-133　关键帧的设置

（15）接下来将开始制作好的色块动画所在的合成拖曳到当前合成"Sence 3"中，为它添加一个"Effect/Color Correction/Hue/Saturation"特效并设置好参数，然后调整其图层的入点时间为0：00：01：19，同时在画面中调整它到合适的位置。这样，在"文字生成"动画出现的时候，色块的渐变动画也跟着出现，达到将文字引出来的效果，如图1-134所示。

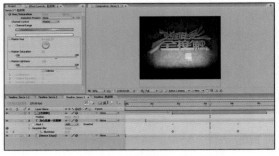

图1-134　调整色块的位置和特效

（16）为"Sence 3.tga"图层设置一段缩放大小的动画来模拟镜头缓缓推进的效果。在时间为0秒的位置，设置"Scale"的值为"94%"；在时间为0：00：04：00的位置，设置"Scale"的值为"100%"；关键帧如图1-135所示。

图1-135　关键帧的设置

4. 最终的合成

（1）新建一个合成，命名为"Final"，选择"Preset"为"PAL D1/DV"的"720×576"的分辨率模式，"Pixel Aspect Ratio"（像素比）为"1.07"，"Frame Rate"（帧速率）为"每秒25帧"，"Duration"（持续时间长度）为"20秒1帧"，如图1-136所示。

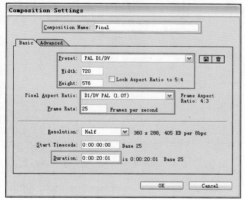

图1-136　新建合成

（2）将前面3个场景的合成都导入到当前的合成中，分别设置透明度的动画来模拟黑起黑落的画面转场效果。另外，将"场景2"所在的图层设置一段缩放大小的动画，同样是为了模拟镜头推进的效果，如图1-137所示。

图1-137　设置各个场景的转场动画

（3）选择"Sence 2"图层，为它添加"Effect/DFT 55mm v5/55mm Glow"特效，修改"Brightness"（亮度）值为"40.0"，如图1-138所示。

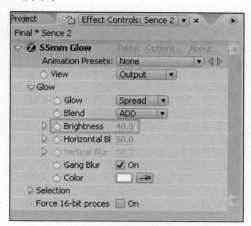

图1-138　添加"55mm Glow"特效

此时的画面效果如图1-139所示。

图1-139　调整后的画面效果

（4）选择"Sence 3"图层，为它添加"Effect/Color Correction/Color Balance"特效，在"特效"面板中进行详细的参数调节，主要是为画面降低一点红色，如图1-140所示。

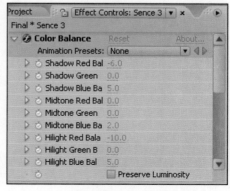

图1-140　添加"Color Balance"特效

（5）为"Sence 3"图层添加"Effect/Color Correction/Hue/Saturation"特效，在"特效"面板中调整"Master Saturation"（饱和度）的值为"-30"，如图1-141所示。

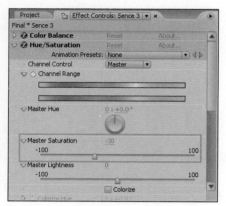

图1-141　添加"Hue/Saturation"特效

（6）最后再为"Sence 3"图层添加"Effect/Color Correction/Curves"特效，然后调节曲线的控制点，如图1-142所示。

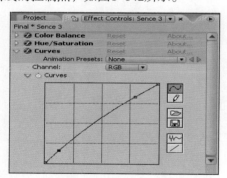

图1-142　添加"Curves"特效

调整完毕后的落版场景画面效果如图1-143所示。

图1-143　调整后的画面效果

（7）利用"文字工具"创建宣传词中的文字，保持文字的选择，选择"Animation/Apply Animation Preset"菜单命令，如图1-144所示。

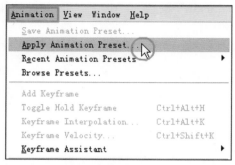

图1-144　选择"Apply Animation Preset"命令

（8）在弹出的对话框中找到需要应用的文字预置效果，如图1-145所示。

图1-145　选择文字预置效果

 提示

After Effects的文字预置效果解决了平时工作中一些复杂的文字动画制作，这样在很大程度上方便了制作过程。

（9）为文字图层制作位移和透明度的动画，并调整文字在画面中的位置，如图1-146所示。

（10）按照同样的方法添加文字效果，如图1-147所示。

（11）后面两段宣传文字只需要将前面的两段所在的层进行复制，再改变一下文字即可，效果是一样的，如图1-148所示。

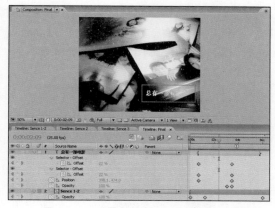

图1-146　设置文字的位移和透明度动画

图1-147　添加第二段文字

图1-148　添加后面的两段宣传文字

5. 渲染输出

　　完成了上面的所有合成工作以后，终于可以进行最终的渲染了。

　　（1）确保当前为Final合成，按下Ctrl+M组合键打开"渲染"窗口，如图1-149所示。

图1-149　打开"渲染"窗口

　　（2）单击"Output Module"右边的

"Lossless"，打开"Output Module Settings"对话框，这里选择了输出序列帧的方式，以便在后面导入编辑软件进行音乐合成，另外，注意将输出尺寸设置为"PAL D1/DV"的模式，如图1-150所示。

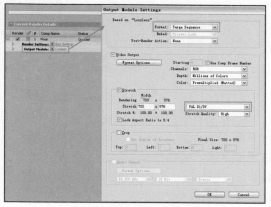

图1-150　渲染设置

　　（3）最后再单击"Output To"右边文件名，在弹出的对话框中指定输出的文件路径，完成后按下右上方的"Render"按钮就可以进行渲染输出了，如图1-151所示。

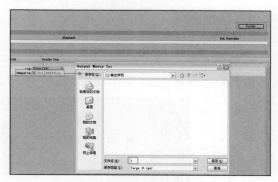

图1-151　指定输出路径

1.1.6　在Vegas中合成画面与音乐

　　本小节主要是简单介绍在编辑软件Vegas中的画面和音乐的最终合成过程。

　　（1）首先启动 Vegas 6.0，界面如图1-152所示。

　　（2）将背景音乐、配音以及渲染生成的画面导入到各个编辑轨道中，调整它们的时间位置，完成最后的成片合成，这样就可以通过外部连接的录音机下载到磁带里了，合成画面如图1-153所示。

图1-152　Vegas的启动画面

1.1.7　本章小结

完成本章的制作后，大家看到自己的作品是否有一种温馨的感觉，如果有，那么制作目标就实现了。从整个片子的制作来看，场景并不多，包括落版也仅仅只有3个场景画面而已，而最主要的是在有限的画面中表达出片子的主题。在把握一个片子的主题上，大家需要多去揣摩、练习并理解。

从整个制作技术上来说，本章为了能说明软件之间制作的结合性，应用了 Maya 、3ds Max、After Effects3 个软件，制作上并没有什么难度。

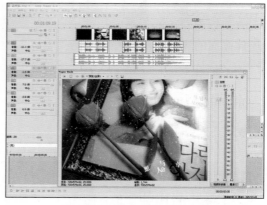

图1-153　在Vegas中进行合成

制作的重点在于画面色调的调整，如何尽量保持一致的色调风格以及各种调色特效的综合运用是本章学习的另外一个重点。

1.2　课堂练习
——影视剧场

本章课堂练习的案例为一个影视电视节目的宣传片，总的要求是要突出此频道播放的大片电影非常好看，内容丰富。案例效果如图1-154所示。

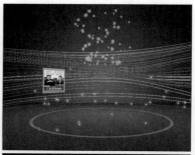

图1-154　案例最终效果

在此练习的制作过程中，笔者除了用到准备好的素材文件以外，所有制作过程都是在After Effects软件中完成的，其目的是为了让初学者了解并熟悉使用After Effects软件独立完成一个影视作品的过程。

在此练习的制作中，以After Effects中的渐变功能为出发点，通过灵活运用、搭建画面所需的各种元素，继而勾勒出一个背景，并将频道图片、文字、节目名称融入到画面中完成最终的作品。此外整体画面的场景的转换把握和图片文字的动画闪现为本练习学习的重点。

1.2.1 前期创意

前期创意是制作一个片子的第一步，对于整个片子的制作起着非常重要的作用，也是必须要做的一个步骤，需要花费一定的时间去制作一些故事版或分镜头，同时要和客户协商，满足其要求后才开始制作。

1. 前期创意

为了突出节目中电影的丰富，将整个作品场景分为4个场景和1个落版场景来进行表现，第1个场景先用多位明星图片来突出表现，图片不断地冲击镜头以产生强烈的冲击效果；接着切换到第2个场景，"场景2"中的节奏放慢，使用大量的图片来表现节目的主要内容是电影欣赏；再次加快节奏进入"场景3"，通过全文字闪入来编写节目播出时间和宣传词；最后进入"场景4"，使用一个立方块旋转来表现节目内容的丰富多变；最后在落版场景中显示节目名称。

2. 制作思路

经过前期创意的思考之后，我们大致明白了在制作本练习的时候需要哪些素材了。使用图片素材，通过摄像机移动动画制作出百位明星逐个进入镜头的效果，同时制作出具有冲击镜头的感觉。另外可以利用3D助手来搭建立体空间的感觉，充分的表达出一种上千部影片看不完的效果。在整个片子的制作过程中主要利用了图层的基本属性来制作动画，重点在于节奏的把握，突出震撼的影片信息，完成各场景和背景的制作后合成配合音乐，最终完成整个宣传片的制作。

1.2.2 练习知识要点

（1）首先为场景制作光线背景，如图1-155所示。

（2）制作"场景1"，首先在场景中创建流动的光线，然后将人物进行合成，如图1-156所示。

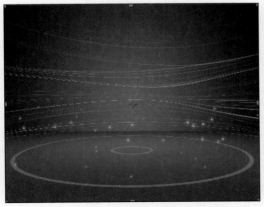
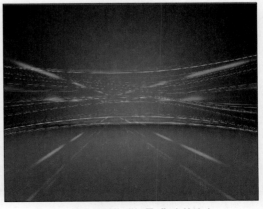

图1-155 制作光线背景　　　　　　　　图1-156 制作"场景1"中的流光

（3）制作"场景2"，如图1-157所示。

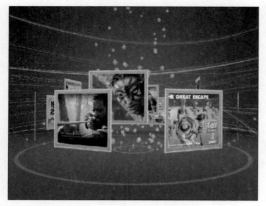

图1-157　制作"场景2"

图1-159　制作"场景4"

图1-160　最终合成

图1-158　制作"场景3"中的文字

（4）制作"场景3"，如图1-158所示。

（5）制作"场景4"，如图1-159所示。

（6）最后进行最终的合成和渲染输出，如图1-160和图1-161所示。

图1-161　渲染输出

通过前面在After Effects中完成整个成片动画的制作，大家在制作练习的过程中，进一步熟悉了一些基本的操作，但更关键的是整个片子的制作流程。从前期的创意思考到后期的每个场景画面的搭建和调整，都需要做到心中有数，而不是盲目地制作。

1.3　课后习题
——伴你越重洋

◆ 练习知识要点

（1）本案例是一个以"留学"为题材的节目宣传片，所以在制作的时候需要寻找一些相关的图片素材，比如人物、地球等，在正式制作之前需要将其导入到After Effects或在Photoshop中进行简单的处理，使素材变为我们理想中的效果。案例效果如图1-162所示。

图1-162 案例最终效果

（2）在3ds Max中制作各个场景的文字和LOGO的模型，在制作字幕材质的时候可以使用金属类材质，使字幕效果有比较厚重的质感。

（3）最后将序列导入到After Effects中进行简单的后期合成，在制作中需要注意画面中物体的前后虚实关系，可以为背景层添加模糊特效，产生近实远虚的效果。在制作的时候一定要注意细节的调整，如镜头与音乐节奏的协调、光效的使用等。

第2章
宣传片

2.1 课堂案例
——移动电视频道ID演绎

　　本章案例为一个移动电视的频道ID演绎（城市篇），总的要求是要突出移动电视以及现代城市生活的味道。案例效果如图2-1所示。

　　在制作本章案例时，除了需要准备好素材文件以外，所有的制作全部是在After Effects中完成的，其目的是为了让初学者了解并熟悉用After Effects独立完成一个影视作品的过程。

　　本案例从After Effects中的文字功能为出发点，通过灵活运用、搭建画面所需的各种元素，继而勾勒出一个虚拟抽象的城市，并将频道LOGO融入到画面中完成最终的作品。

　　此外，整体画面的构图把握和城市味道的抽象表现都是本片中的重中之重。

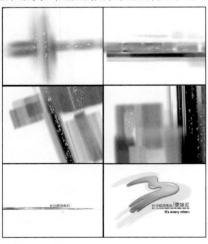

图2-1　本章案例效果

2.1.1 前期创意与制作思考

本小节主要是本例的前期创意和制作思考部分，两者对于一个片子的制作起到一个准备性的作用，而这个过程是十分重要的，同时需要耗费整个制片过程中相当多的时间。

1. 前期创意

在前期的思考中，为了突出移动电视城市篇的"城市"二字，曾考虑用实拍加后期合成的方法来实现最终效果。后来经过多次讨论后决定用一种虚拟抽象的方法来搭建一个"假"城市，在这个城市中有高耸的楼房，穿梭的车流，闪烁的千家万户的灯光这些初步的构想元素构成了这个抽象城市的主要画面。

经过讨论通过了片子的整体风格之后，开始思考画面的构成和表现。试想一下，如果是用摄像机实拍的方法去展现一个城市，也要从不同的角度，不同的方位去捕捉镜头。而在这些镜头中，有远景，有近景，还有特写。通过联想，分析实际拍摄中需要体现的镜头画面，我们大体勾勒出了几个画面来完成整个片子的各个场景构成。

在"场景1"中，首先是一个高空俯拍城市十字路口的镜头画面。在这个十字路口中，所需要表现的是道路的纵横交错，车辆的穿梭流动以及少许楼房的抽象表现。

在"场景2"中，是在道路边拍摄车辆来回穿梭的镜头画面，着重体现一种城市快节奏的生活。

在"场景3"中，同样是一个高空俯拍城市的镜头画面，不过这次的拍摄对象是城市的一条主干道及其两旁林立的高楼。

在"场景4"中，是一个模拟在半空中拍摄楼群上半部的镜头画面，从另一个侧面来突出城市的感觉，在楼群的右边是宽阔的道路网和滚滚的车流。

最后的落版场景中没有特别的东西，主要突出频道LOGO，加上装饰性的元素以及主题文字即可，重要的同样是画面的构图。

在音乐选择上，选择了一首王菲的"乘客"，将这首歌的前奏编辑成与画面相配的音乐，这样更加突出了移动电视城市篇的主题思想。

2. 制作思考

经过上面的前期创意，大致明白了需要制作的元素。

使用After Effects中的文字工具，经过特殊处理制作城市的抽象楼房。另外，利用噪波特效制作城市的抽象道路。而楼房中的千家万户的抽象表现，则制作随机闪烁的小方格来进行模拟。

城市中穿梭的车流，可以将频道LOGO加入到画面中，制作许多LOGO的位移运动，以此来模拟道路中的车流。

此外，画面的表现不要太实，要添加模糊特效使得城市中的楼房和道路等元素更为抽象。

完成全部场景的制作后，将在After Effects中渲染好的序列图片导入到编辑软件中进行音乐的合成，最终完成整个成片的制作。

2.1.2 在After Effects中制作场景元素

本小节主要是制作一些画面中需要的场景元素，这些元素的制作并完成对于后面的画面合成是十分必要的。

1. "光条"的制作

（1）新建一个合成，命名为"光条"，选择"Preset"为"PAL D1/DV"的"720×576"的分辨率模式，"Pixel Aspect Ratio"（像素比）为"1.07帧"，"Frame Rate"（速率）为"每秒25帧"，"Duration"（持续时间长度）为"15秒"，具体设置如图2-2所示。

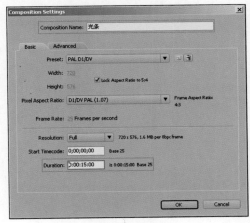

图2-2 新建合成

（2）利用工具栏中的"文字创建工具"创建文字，输入若干个大写的字母"I"，如图2-3所示。

（3）展开文字层的"Position"和"Scale"属性，将其位置移到画面下方，同时将"Scale"的y轴方向的值设置为"2280.0"，这样就可以将字母"I"拉的很长，如图2-4所示。

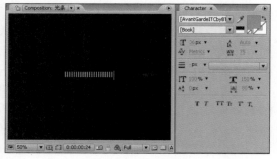

图2-3　创建文字

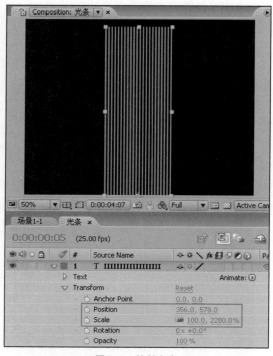

图2-4　拉长文字

 提示

文字的变化是无穷的，利用这种拉长文字的方法或者是其他类似的方法，往往会得到意想不到的效果。

（4）选择文字层，然后用鼠标单击旁边的小三角形展开文字层属性，在展开的属性中会发现"Text"右边有一个"Animate"的参数，单击其旁边的小三角形按钮，在弹出的下拉菜单中选择"Fill Color/RGB"命令，这样，在文字层的属性中增加了一个"Animator 1"控制器。关于"Fill Color"颜色的选择，可以根据实际需要来进行设置，而最终的颜色始终是随机的，这里使用了默认的红色设置，如图2-5所示。

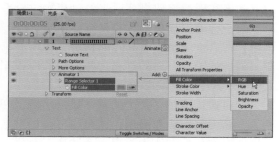

图2-5　添加"Animator 1"控制器

（5）单击"Animator 1"右边的"Add"小三角按钮，在弹出的下拉菜单中选择"Selector/Wiggly"命令，如图2-6所示。

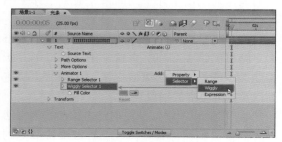

图2-6　添加"Wiggly"

（6）此时拖曳时间标签观察当前状态下的动画效果，可以看到开始创建的文字字母"I"，经过拉长并设置了颜色的Wiggly，就变成了一些向上随机变换的竖直细条，如图2-7所示。

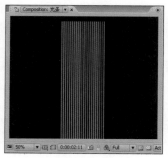

图2-7　当前的细条效果

（7）由于这里制作的光条是用于模拟后面场景中城市的楼房，整个画面的要求是要有一种朦胧的感觉，所以选择文字层，为它添加一个"Effect/Blur&Sharpen/Fast Blur"特效，然后将"Blue Dimensions"（模糊方向）设置为"Horizontal"（横向），"Blurriness"（模糊）值设置为"15"，具体设置如图2-8所示。

图2-8　添加"Fast Blur"特效

（8）为了加强效果，选择文字层按下Ctrl+D组合键将其复制一层进行叠加，然后将复制出来的层的"Blurriness"（模糊）值改为"6.0"，观察此时的画面效果，如图2-9所示。

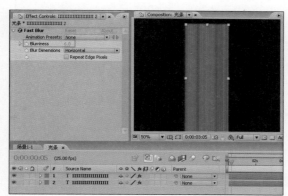

图2-9　复制层并修改模糊值后的效果

2. 城市楼房的雏形

下面将继续制作城市楼房的雏形，实际上也就是将前面制作好的"光条"进行一下加工。

（1）新建一个合成，命名为"楼房"，选择"Preset"为"PAL D1/DV"的"720×576"的分辨率模式，"Pixel Aspect Ratio"（像素比）为"1.07"帧，"Frame Rate"（速率）为"每秒25帧"，"Duration"（持续时间长度）为"10秒"，具体参数设置如图2-10所示。

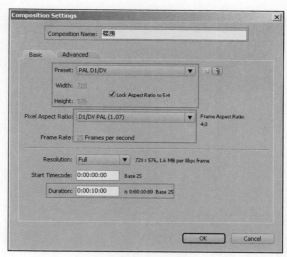

图2-10　新建合成

（2）将前面制作好的"光条"拖曳到当前的新建合成中，然后为它添加一个"Effect/Color Correction/ Hue/Saturation"特效，在"特效"面板中调整"Master Hue"（色相）、"Master Saturation"（饱和度）和"Master Lightness"（亮度），如图2-11所示。

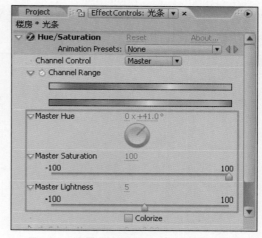

图2-11　设置"Hue/Saturation"特效的参数

（3）将"光条"层复制一层，然后进行叠加，画面效果如图2-12所示。

3. 城市道路的雏形

下面来创建城市的道路，仍然如开始制作思路中所提到的，用抽象的手法进行道路的模拟。

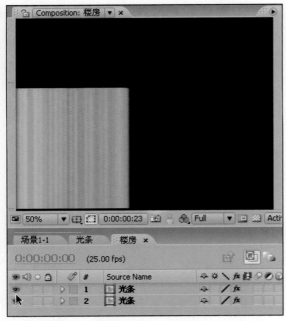

图2-12 复制层并叠加

（1）新建一个合成，命名为"road"，选择"Preset"为"PAL D1/DV"的"720×576"的分辨率模式，"Pixel Aspeet Ratio"（像素比）为"1.07帧"，"Frame Rate"（速率）为"每秒25帧"，"Duration"（持续时间长度）为"10秒"，设置如图2-13所示。

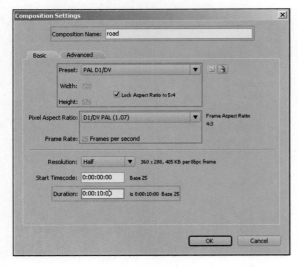

图2-13 新建合成

（2）在当前新建的合成中，新增一个白色的Solid层作为背景，另外再增添一个黑色的Solid层作为制作道路的层。然后为黑色的Solid

层添加"Effect/Noise&Grain/Fractal Noise"特效，再在"Fractal Noise"的"特效"面板中进行一些参数的调节，修改"Contrast"（对比度）和"Brightness"（亮度），同时勾选"Invert"选项，继续展开"Transform"，取消"Uniform Scaling"的勾选，并将"Scale Width"设置为"10000"，最后将"Complexity"的值设置为"4.0"，如图2-14所示。

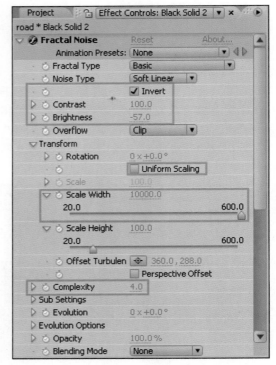

图2-14 添加"Fractal Noise"特效

（3）为"Fractal Noise"设置关键帧动画。在0秒的时候，设置"Evolution"的值为"0×-259.0°"；在2秒的时候，设置"Evolution"的值为"1×-258.0°"。设置如图2-15所示。

（4）继续为该层添加"Effect/Stylize/Glow"特效以及"Effect/Color Correction/Levels"特效，然后在"特效"面板中调节各个发光值和"Levels"的"Gamma"值，如图2-16所示。

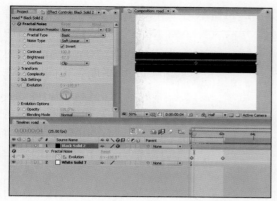

图2-15 设置"Fractal Noise"的关键帧动画

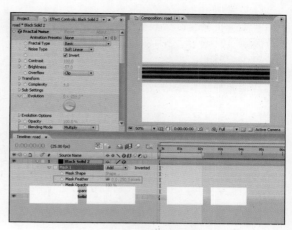

图2-17 绘制Mask蒙板

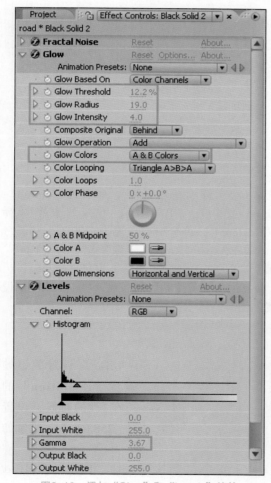

图2-16 添加"Glow"和"Levels"特效

（5）为该层绘制Mask蒙板，纵向羽化边缘，同时将"Fractal Noise"的"Blending Mode"（融合模式）改为"Multiply"，如图2-17所示。

2.1.3 "场景1"的制作

本小节主要讲解了"场景1"的详细制作过程，如何合理地配置画面元素并把握画面构图是本节的重点所在。

1. 搭建纵横的道路网

（1）首先新建一个合成并命名为"sence1-road"，选择"Preset"为"PAL D1/DV"的"720×576"的分辨率模式，"Pixel Aspect Ratio"（像素比）为"1.07"帧，"Frame Rate"（速率）为"每秒25帧"，"Duration"（持续时间长度）为"3秒"，设置如图2-18所示。

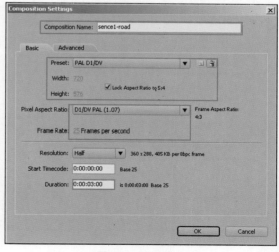

图2-18 新建合成

（2）将前面制作好的楼房合成拖曳到新建合成中，为它添加"Effect/Blur&Sharpen/Directional Blur"特效和"Effect/Color Correction/Hue/

Saturation" 特效，具体参数设置如图2-19所示。

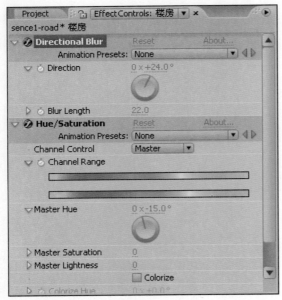

图2-19　添加 "Directional Blur" 和 "Hue/Saturation" 特效

（3）将该层复制一层，然后将复制层的 "Hue/Saturation" 特效中的 "Master Hue"（色相）调整为 "0×-155.0°"（蓝色），并修改 "Direction"（模糊方向）以及 "Blur Length"（模糊长度）的参数值，具体设置如图2-20所示。

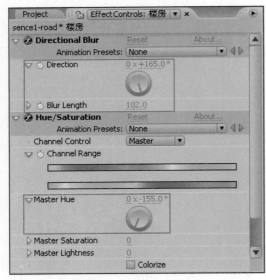

图2-20　调整复制层的特效参数

（4）新增一个白色的Solid层，为它添加一个 "Effect/Blur&Sharpen/Fast Blur" 特效并设置适当的模糊值，然后调整各层的叠加方式，同时打开它们的三维开关并调整其位置，

如图2-21所示。

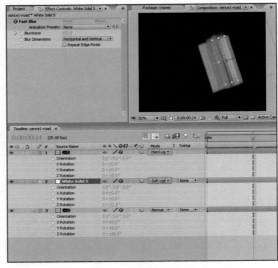

图2-21　设置层的叠加方式

📖 提示

不同颜色的层可以通过叠加方式的改变来达到颜色变化的目的。

（5）继续新建合成，命名为 "sence1-road 1"，在 "Preset" 下拉列表中选择 "Custom"，将分辨率设置为 "2000×80"，"Pixel Aspect Ratio"（像素比）为 "1.07" 帧，"Frame Rate"（速率）为 "每秒25帧"，"Duration"（持续时间长度）为 "3秒"，设置如图2-22所示。

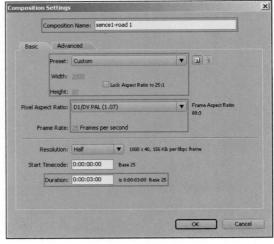

图2-22　新建合成

（6）将前面的"sence1-road"合成拖曳到当前合成中，改变大小并复制多层，然后调整它们的位置，如图2-23所示。

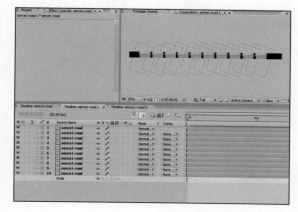

图2-23 复制层并调整位置

（7）新建合成，将其命名为"sence1-road 2"，具体参数设置如图2-24所示。

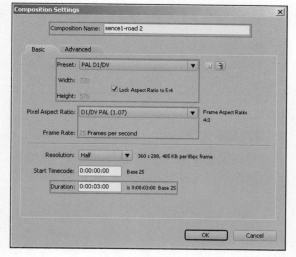

图2-24 新建合成

（8）将前面制作好的"sence1-road 1"合成加入进来，为它添加两个"Effect/Blur&Sharpen/Fast Blur"特效，参数设置如图2-25所示。

（9）为"sence1-road 1"层设置位移的关键帧动画。在0秒的时候，设置"Position"的值为（-260.0，288.0）；在时间0：00：01：13的时候，设置"Position"的值为（880.0，288.0），如图2-26所示。

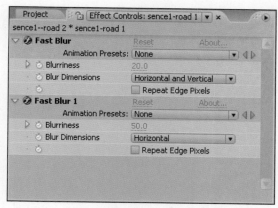

图2-25 添加"Fast Blur"（动态模糊）特效

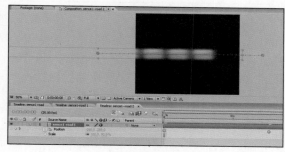

图2-26 设置位移关键帧动画

（10）为层绘制Mask蒙板控制范围，具体设置如图2-27所示。

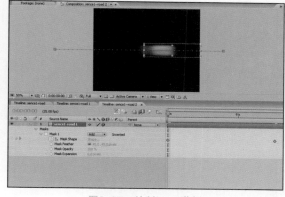

图2-27 绘制Mask蒙板

（11）完成了上面的准备工作，下面来完成纵横道路网的制作。新建一个合成，命名为"场景1"，选择"Preset"为"PAL D1/DV"的"720×576"的分辨率模式，"Pixel Aspect Rato"（像素比）为"1.07"帧，"Frame Rate"（速率）为"每秒25帧"，"Duration"（持续时间长度）为"3秒14帧"，设置如图2-28所示。

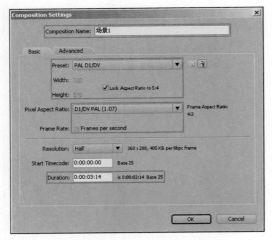

图2-28　新建合成

（12）新增一个白色的Solid层作为背景，然后将前面的"sence1-road 2"合成加入到"场景1"合成中，并复制出多个层，然后调整各个层在画面中的位置和大小，总的思路是呈一个十字路口的形状。继续添加"Effect/Color Correction/Hue/Saturation"特效调整各个层的颜色，再为它们分别绘制Mask控制范围，并适当进行羽化，同时设置Mask的关键帧动画。最后改变层的叠加方式为"Hard Light"，使运动中的颜色更富于变化性，参数设置及画面效果如图2-29所示。

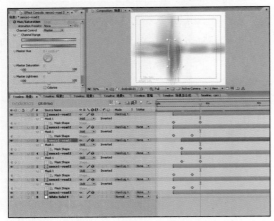

图2-29　"场景1"中道路网的设置

　提示

在上面道路网的设置中，动画是体现一种城市中车水马龙的流动性景象，所以将十字路口纵横的道路网设置了Mask控制范围的动画。总的来说，只要把握并体现道路十字交叉的动画形态即可。

2. 开场的LOGO动画

（1）导入一张在Photoshop中处理好的LOGO图片，添加到"场景1"合成中，为它设置一段Scale的缩放动画，产生LOGO由高空向下俯冲的感觉。

（2）为该层添加"Effect/Blur&Sharpen/Radial Blur"特效，然后在"特效"面板中设置"放射模糊"参数。

（3）接下来制作"放射模糊"的关键帧动画，在0秒的时候，设置"放射模糊"的"Amount"的值为"10.0"；在时间0：00：00：08的时候，设置"Amount"的值为"118.0"，相关设置如图2-30所示。

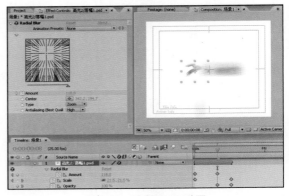

图2-30　设置LOGO动画

3. 模拟楼房窗户

根据创意中提出的抽象表达方式，下面将采取制作随机闪动的小方块来模拟城市楼房的窗户。

（1）在"场景1"合成中新增一个白色的Solid层，为它添加"Effect/Generate/Cell Pattern"特效，然后调节特效参数，效果如图2-31所示。

图2-31　添加"Cell Pattern"特效

（2）为"Cell Pattern"特效的"Evolution"

参数设置关键帧动画，使小方格随机闪动。继续为该层添加"Effect/Color Correction/Brightness & Contrast"特效，再调节小方格的"Contrast"（对比度）和"Brightness"（亮度），然后利用"Color Key"下的"Key Color"特效，将黑色抠去，只留下白色的小方格，参数设置如图2-32所示。

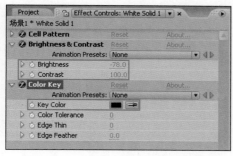

图2-32　调节亮度和对比度并抠去黑色

 提示

这里的抠像实际上就是利用颜色键控，选取不要的黑色，将其从画面中抠掉。

（3）完成后调整层的大小和位置，并绘制Mask控制范围，如图2-33所示。

图2-33　绘制Mask控制范围

4. 模拟城市中的车流

（1）新建一个合成，命名为"cars 1"，选择"Preset"为"PAL D1/DV"的"720×576"的分辨率模式，"Pixel Aspect Ratio"（像素比）为"1.07帧"，"Frame Rate"（速率）为"每秒25帧"，"Duration"（持续时间长度）为"10秒"，具体设置如图2-34所示。

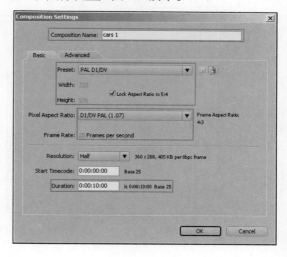

图2-34　新建合成

（2）导入一张在Photoshop中处理好的白色LOGO图片，将其添加到新建合成中，再将其复制出多个层并调节各自的大小、旋转角度和位置，然后为它们设置位移和透明度动画，如图2-35所示。

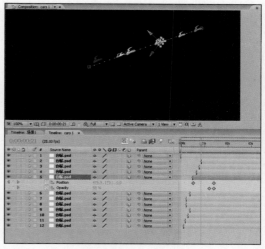

图2-35　设置LOGO动画

 提示

在上面动画的设置中，快捷的方法是先设置一个LOGO的位移和透明度动画，然后将该层复制，并调整层的位置，同时修改关键帧的值，调节完毕后再进行复制、修改直到完成全部的动画为止。

（3）将"cars 1"合成拖曳到"场景1"合成中，再调节它在画面中的位置和角度，然后为它添加"Effect/Blur&Sharpen/Fast Blur"特效，将"Blur Dimensions"设置为"Horizontal"（水平模糊），如图2-36所示。

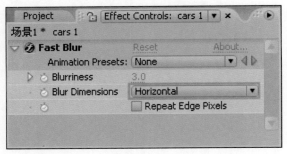

图2-36　添加"Fast Blur"（动态模糊）特效

 提示

通过添加"Fast Blur"（动态模糊）特效，模拟行驶中的车流状态。

（4）将该层复制出两个层，并调整它们在画面中的位置和角度，然后修改纵向车流的"Blur Dimensions"（模糊）为"Vertical"（垂直模糊），调整完毕后整个"场景1"的动画制作就完成了，效果如图2-37所示。

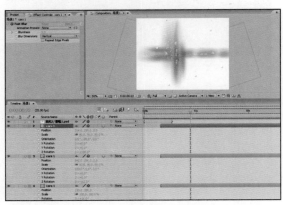

图2-37　复制层并调节车流状态

2.1.4 "场景2"的制作

（1）首先新建一个合成并命名为"场景2"，选择"Preset"为"PAL D1/DV"的"720×576"的分辨率模式，"Pixel Aspect Ratio"（像素比）为"1.07"帧，"Frame Rate"（速率）为"每秒25帧"，"Duration"（持续时间长度）为"3秒"，设置如图2-38所示。

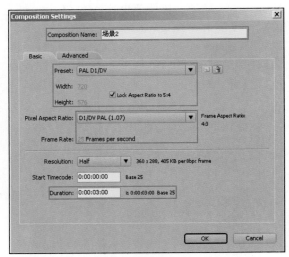

图2-38　新建合成

（2）还是先新增一个白色的Solid层作为背景，然后将前面的"sence1-road 1"和"cars 1"合成拖曳到"场景2"合成中，各自复制几层，并调整在画面中的位置，同时设置"sence1-road 1"层的横向位移关键帧动画。另外，再导入一段生成好的车流素材，加入到"场景2"中并调整，"场景2"的合成情况和效果如图2-39所示。

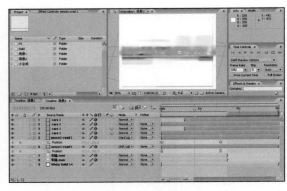

图2-39　"场景2"的合成情况

 提示

"场景2"的合成模拟出城市道路上车水马龙的情景，利用前面完成的合成元素，制作道路上车流穿梭的繁忙景象。本场景中的画面镜头是模拟在街道旁拍摄的效果。

2.1.5 "场景3"的制作

本小节主要讲解"场景3"的制作流程，其中需要注意的是要把握好创意中的思想，体现出一个虚拟城市的味道。

1. 搭建场景3的道路

（1）首先新建一个合成并命名为"road 3-1"，参数设置如图2-40所示。

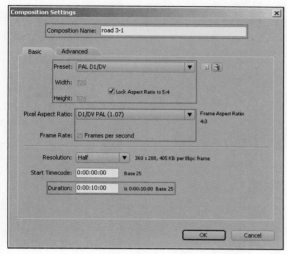

图2-40 新建合成

（2）将前面制作好的"road"合成调入到当前合成中，并调整它在画面中的位置、大小和角度，再为它添加一个"Effect/Blur&Sharpen/Fast Blur"特效，将"Blurriness"（模糊）值设置为"18.0"。然后将该层复制一层，修改层叠加方式为"Multiply"，如图2-41所示。

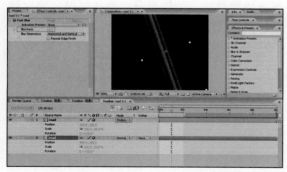

图2-41 "road 3-1"的合成情况

（3）继续新建一个合成，命名为"road 3-2"，设置与"road 3-1"一样，再将合成"road 3-1"拖曳进来。然后在当前场景中新增一个白色的Solid层，制作随机闪动的小方块来模拟道路中的闪动的车辆，完成后的效果如图2-42所示。关于制作的方法在"场景1"的制作中已经提到，这里不再赘述。

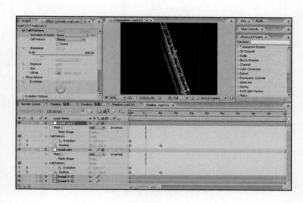

图2-42 "road 3-2"的合成情况

2. "场景3"的车流

（1）新建一个合成，命名为"cars 2"，参数设置如图2-43所示。

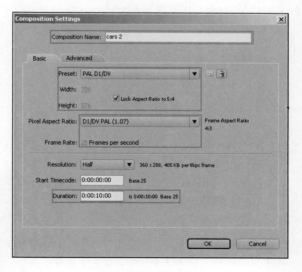

图2-43 新建合成

（2）同"场景1"的制作方法一样，只需将LOGO加入到合成中，并复制出多个层，注意层的大小和透明度要有所变化，然后为它们设置位移和透明度的关键帧动画即可，如图2-44所示。

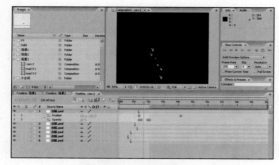

图2-44　设置LOGO动画

3. 模拟城市楼房

（1）新建一个合成，命名为"场景3"，选择"Preset"为"PAL D1/DV"的"720×576"的分辨率模式，"Pixel Aspect Ration"（像素比）为"1.07"帧，"Frame Rate"（速率）为"每秒25帧"，"Duration"（持续时间长度）为"10秒"，参数设置如图2-45所示。

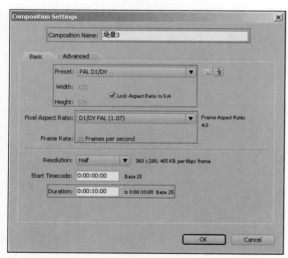

图2-45　新建合成

（2）新增一个白色的Solid层作为背景，将刚完成的"场景3"的道路加入进来，再将前面完成的楼房合成加入到"场景3"合成中，然后修改叠加方式为"Hard Light"，同时打开它的层三维开关，在画面中调整它与道路的左边靠上的位置，制作一段短距离的位移动画，最后为它添加"Directional Blur"（方向模糊）和"Hue/Saturation"（调色）特效，具体设置如图2-46所示。

（3）继续搭建楼房，利用复制或者是拖曳楼房合成的方法，创建新的楼房层，调整其颜色为橙色，使其与蓝色楼房产生叠加，如图

2-47所示。

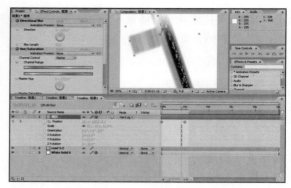

图2-46　在"场景3"中调整道路和楼房

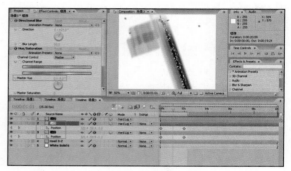

图2-47　添加橙色楼房

> 提示
>
> 不同颜色的色块进行层的叠加，在色块的相交部分，将产生颜色的叠加变化，用这种方法来达到颜色变化的效果。使用这种方法，在制作色块背景的时候十分有用。

（4）按照上面同样的方法，在道路的右边部分搭建楼房，为楼房分别制作轻微的位移和缩放动画，如图2-48所示。

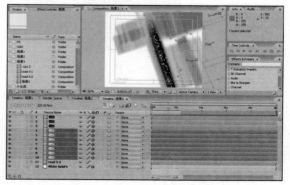

图2-48　添加道路右边部分的楼房

提示

在道路的右边部分的楼房搭建过程中，同样要仔细调节色块间的叠加方式。此外，在左下方的位置将画面留白，是为了构图上的协调性，这样才不会使画面显得满满的。

4. 模拟楼房窗户

新增一个白色的Solid层，按照前面提到的方法制作随机的小方格，并用Mask蒙板控制其范围，参数设置如图2-49所示。

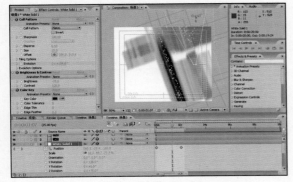

图2-49 设置楼房窗户

提示

右上方小方格的随机闪动，更加体现出城市楼房的感觉，仿佛是楼房中的千家万户。注意一下，本场景画面中只在右上方安排了一处小方格，而这一处也就足够表达出我们需要的感觉了，太多的话反而不利于画面的构成。

5. 创建道路上的车流

同前面两个场景一样，这里同样是利用LOGO来作为道路上车流的体现，这样能表达出移动电视融入到城市中的思想。将前面已经完成的"cars 1"和"cars 2"合成都拖曳到"场景3"合成中，分别复制出两层，并分别调整它们在画面中的位置和大小，另外还给它们添加"Fast Blur"（动态模糊）特效，具体设置如图2-50所示。

6. 设置"场景3"的镜头动画

为了使"场景3"的镜头有所变化，下面将添加摄像机层，模拟一段从高空中俯拍并适当旋转镜头的摄像机动画。

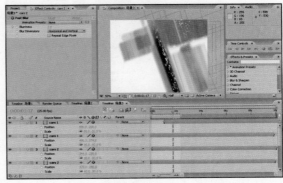

图2-50 复制层并添加"Fast Blur"（动态模糊）效果

（1）新创建一个合成，命名为"摄像机合成（场景3）"，选择"Preset"为"PAL D1/DV"的"720×576"的分辨率模式，"Pixel Aspect Ratio"（像素比）为"1.07"帧，"Frame Rate"（速率）为"每秒25帧"，"Duration"（持续时间长度）为"10秒"，如图2-51所示。

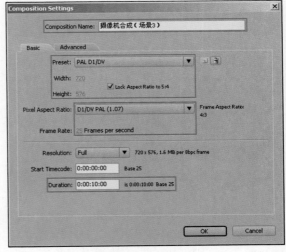

图2-51 新建合成

（2）将"场景3"合成拖曳进来，打开它的三维开关，然后创建一个摄像机层，摄像机的参数设置如图2-52所示。

（3）设置摄像机z轴的旋转动画。在0秒的时候，设置"Z Rotation"的值为"0×-5.0°"；在第2秒的时候，设置"Z Rotation"的值为"0×+2.0°"，如图2-53所示。

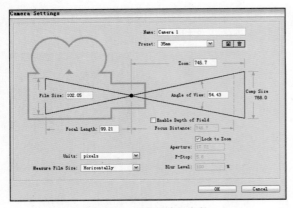

图2-52 设置摄像机参数

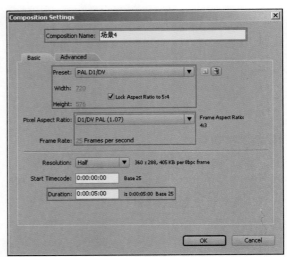

图2-54 新建合成

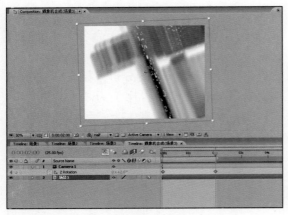

图2-53 设置摄像机动画

图2-55 "场景4"的楼房搭建

2.1.6 "场景4"的制作

本小节将介绍"场景4"的制作流程，要注意体会画面镜头的构图感觉。

1. 搭建楼房和车流

（1）新建合成，命名为"场景4"，选择"Preset"为"PAL D1/DV"的"720×576"的分辨率模式，"Pixel Aspect Ratio"（像素比）为"1.07"帧，"Frame Rate"（速率）为"每秒25帧"，"Duration"（持续时间长度）为"5秒"，参数设置如图2-54所示。

（2）按照"场景3"的合成方法，将前面完成的楼房合成加入到"场景4"合成中，再改变叠加方式，同时打开它的层三维开关，然后为它添加"Directional Blur"（模糊）和"Hue/Saturation"（调色）特效，再将楼房层复制多层，并调整各自的颜色以及在画面中的位置，如图2-55所示。

⟡ 提示

该场景的楼房搭建，从镜头上考虑是为了体现出在半空中拍摄楼群的画面感觉，完成城市楼房一角的特写。

---

2. 搭建楼房窗户和道路

在画面中为楼房加入随机的小方格，模拟楼房窗户，然后将制作好的一段道路素材加入到当前的"场景4"合成中，并将道路放置于楼房的右边，设置如图2-56所示。

3. 添加道路上的车流

调用前面的"cars 1"合成，加入到"场景4"合成中，为它添加"Fast Blur"（动态模糊）特效来模拟车流飞驰的流动性，然后将该层复制出多层，并调整各自的位置，如图2-57所示。

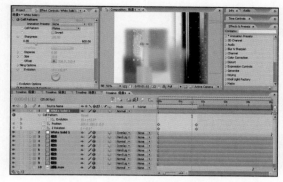

图2-56 添加窗户和道路

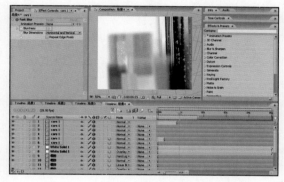

图2-57 添加车流

2.1.7 落版场景的制作

本小节将介绍落版场景的制作流程，重点在于理解定版的画面构图感觉。

1. 导入落版PSD文件

（1）在"项目"窗口中导入在Photoshop制作好的落版PSD文件（配套光盘中的"第2章\素材\落幅1.psd"文件），注意选择"Composition"的导入方式，如图2-58所示。

图2-58 导入落版PSD文件

 提示

选择"Composition"的导入方式，有利于在After Effects中对PSD文件的各个层进行单独的设置。

如果选择"Footage"方式导入，则会弹出一个新的对话框，需要在对话框中选择是以合并层的方式导入还是选择单独的层进行导入，如图2-59所示。

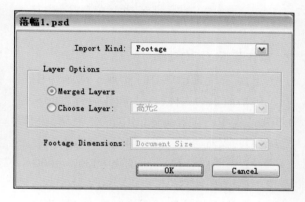

图2-59 选择"Footage"方式导入

（2）导入后会自动出现一个跟PSD同名的合成，将该合成重新命名为"落版"，双击后在"时间线"中展开，可以看到在Photoshop中制作的层完全变成了After Effects中的层，如图2-60所示。

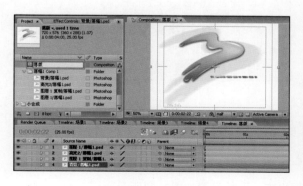

图2-60 重命名合成

（3）确定当前处于"时间线"面板被激活的状态，然后按下Ctrl+K组合键，在打开的对话框中将"Duration"（持续时间长度）设置为

"4秒"，如图2-61所示。

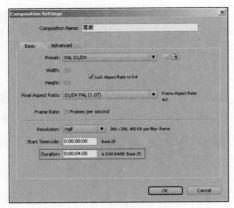

图2-61 修改合成设置

2. 制作落版LOGO动画

下面来设置LOGO的动画。从画面中来看，包括前景的主体LOGO和作为背景的灰色LOGO。这里将设置主体LOGO的扩展动画和背景LOGO的收缩动画，注意幅度不要太大。

设置背景LOGO的Scale变化为130%~100%；设置主体LOGO的Scale变化为90%~100%；另外再分别为它们设置透明度从0~100的关键帧动画，让它们产生淡入画面的效果，具体设置如图2-62所示。

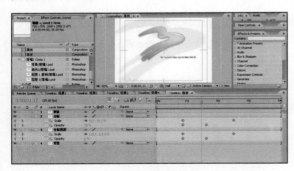

图2-62 落版LOGO的动画设置

3. 制作装饰元素和落版文字动画

（1）选择"彩条"层，为它绘制Mask蒙板，并制作一段蒙板拉开的动画，将彩条呈现出来，参数设置如图2-63所示。

（2）新建一个合成，命名为"移动电视"，在该合成中新增Solid层，然后添加"Basic Text"特效制作文字，如图2-64所示。

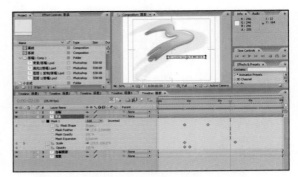

图2-63 设置彩条动画

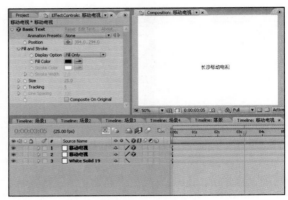

图2-64 添加文字

（3）继续建立合成，然后添加落版文字，如图2-65所示。

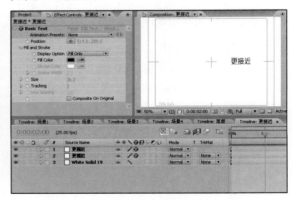

图2-65 添加落版文字

（4）继续新建合成，添加最后一段英文字母，如图2-66所示。

（5）下面来制作一小段黑线。先新建一个合成，并新增一个Solid层，再利用"钢笔工具"绘制一段竖直的Mask，然后为层添加"Effect/Generate/Stroke"特效，设置"Color"（笔触颜色）为黑色即可，如图2-67所示。

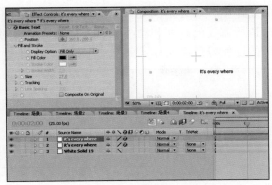

图2-66 添加英文字母

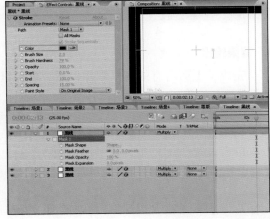

图2-67 制作黑色线段

（6）将上面创建好的文字和装饰元素合成一起加入到"落版"合成中。为3个文字设置Mask从左向右的拉出动画，为黑色线段设置透明度的淡入淡出动画，具体设置如图2-68所示。

图2-68 设置黑线和文字动画

提示

在制作上面的黑色线段和文字动画中，重要的不是动画的设置，而是动画相互之间的节奏，要反复调试达到一种协调。

2.1.8 最终合成的制作

本小节将介绍各个场景画面最终合成的制作流程，重点在于掌握层的自动排列方法。

1. 新建合成并调整"场景1"动画

（1）继续新建合成，命名为"场景总合成"，选择"Preset"为"PAL D1/DV"的"720×576"的分辨率模式，"Pixel Aspeet Ratio"（像素比）为"1.07"帧，"Frame Rate"（速率）为"每秒25帧"，"Duration"（持续时间长度）为"11秒"，参数设置如图2-69所示。

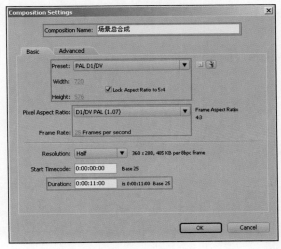

图2-69 新建合成

（2）将前面的"场景1"~"场景4"合成加入进来。为"场景1"层设置"5°"角的旋转动画，同时设置"Scale"从"100%"~"110%"的动画，再模拟镜头从空中俯拍，将镜头向下推近一些，具体设置如图2-70所示。

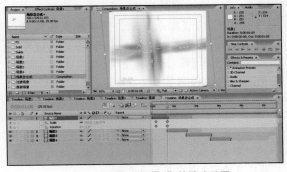

图2-70 设置"场景1"的镜头动画

2. 添加过渡场景动画

在第4场景到落版场景之间，这里还加入

了一个过渡场景，这样使整个动画更为流畅一些，操作步骤如下。

（1）再次拖曳"场景4"合成到"落版"合成中，为开始加入的"场景4"层设置淡出的透明度动画，然后为新加入的"场景4"合成绘制Mask，并设置纵向上的Scale缩放动画，然后设置横向的拉伸动画，具体设置和画面如图2-71和图2-72所示。

图2-71　设置过渡场景动画

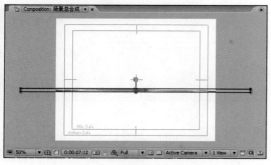

图2-72　横向的拉伸动画

（2）将作为过渡场景用的"场景4"合成复制出两层，再拖曳层到时间后一点的位置，作为前面拉伸动画的延续，同时将前面制作好的"cars 1"合成加入进来，配合横向拉伸的动画，最后再将"落版"合成拖曳到总合成中，使过渡场景逐渐淡出，而落版场景画面同时逐渐出现，具体设置如图2-73所示。

 提示

横向拉伸的彩条动画，配合模拟的LOGO车流，突出了城市车水马龙的快节奏特点，再次体现了移动电视城市篇的主题。

（3）完成上面的所有设置后，整个片子的制作就完成了。从整个过程来看，在各个场景

的制作中，始终是围绕一个虚拟抽象的城市来打造所需要的画面和动画，而正是这种明确的目的性使得最终的片子突出了主题。

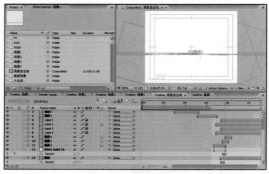

图2-73　落版场景的设置

3．渲染输出

完成了上面所有的场景制作以后，就可以进行最终的渲染了。

（1）确保当前为场景总合成，按下Ctrl+M组合键打开"渲染"窗口，打开"Output Module Settings"对话框，这里仍然选择了输出序列图片的方式，设置如图2-74所示。

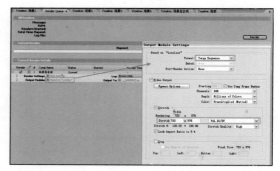

图2-74　渲染设置

（2）设置完毕后单击"Render"按钮进行渲染，然后将渲染完的序列导入到编辑软件中进行音乐的合成完成最终的成片。

2.1.9　本章小结

通过前面在After Effects中完成整个成片动画的制作，大家在制作的练习过程中，进一步熟悉了一些基本的操作，但更关键的是整个片子的制作流程。从前期的创意思考到后期的每个场景画面的搭建和调整，都需要做到心中有数，而不是盲目地制作。在后面的实例讲解中，大家将继续加深对制作流程的理解。

2.2 课堂练习
——整点快报

本案例将讲解整点快报宣传片，主要是使用3ds Max来制作卷轴动画。画面整体简单明了，主题突出，在学习本案例时要把三维软件与后期软件的结合作为学习的重点。案例效果如图2-75所示。

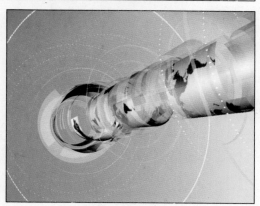

图2-75　案例最终效果

2.2.1 前期创意

1. 前期创意

作为一个新闻类主题的节目宣传片，在素材的选择上往往是非常重要的，这需要与栏目的主题相统一。当制作的宣传片所展示的物品比较少时，或很难找到类似素材的时候，分镜就显得尤为重要。在本案例中笔者仅仅使用三维软件制作了一个卷轴，并通过切换镜头的制作方式，就给人以非常好的画面感觉。

2. 制作思路

经过前面的分析之后，我们大致知道了整个场景中需要的模型了，首先在3ds Max中制作卷轴，并在周围制作一些环绕带，使其产生钟表刻度的感觉，并让卷轴分层的旋转，最后将序列进行渲染并导入到After Effects中进行后期的处理。

2.2.2 练习知识要点

（1）使用3ds Max制作场景中的卷轴动画。如图2-76所示。

图2-76 卷轴动画

图2-77 落版文字

（2）使用3ds Max制作落版文字，如图2-77所示。

（3）将在三维软件中制作并渲染出的TGA序列导入到After Effects中，并且分别复制一层，调整上面一层的叠加模式，如图2-78所示。

图2-78 复制层并调整叠加模式

（4）由于层数较多，在分别进行调色时是比较麻烦的，因此可以直接创建一个调节层，为其添加调色特效即可，如图2-79所示。

图2-79 调整速度与位置

2.3 课后习题
——冠名播出

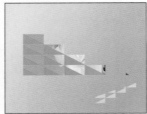

图2-80 冠名播出

◆ 练习知识要点

本案例的制作是非常简单的，首先使用Mask制作三角形遮罩，并用轨道蒙板将图片素材与蒙板合成即可。在制作的时候需要注意颜色搭配和图形位置的摆放，使其凸显冠名的厂商。案例效果如图2-80所示。

第3章
移动电视频道

3.1 课堂案例
——十大电影排行榜

　　本章案例为一个十大电影排行榜的栏目包装案例，该类型的栏目是十分常见的，且包装手法也非常多，本案例要突出电影排行榜的时尚、前卫的特点，制作出引人入胜的包装效果。案例效果如图3-1所示。

　　本案例使用After Effects配合三维软件3ds Max制作，此外还涉及ParticleIllusion等插件。如何灵活运用这些软件来做好栏目包装是本章学习的重点。

　　本章案例中的大部分元素都是通过使用三维软件3ds Max制作的，并且笔者对三维场景的制作方法进行了详细的讲解，目的就是为了让同学们初步熟悉和掌握在3ds Max中制作的流程和技巧。

图3-1　案例最终效果

3.1.1 前期创意与制作思考

本章案例是一个综合性和实用性都非常强的包装案例，通过本案例的学习，能够帮助大家将先前所学的知识运用到实际项目中。接下来讲解一下本章案例的前期创意及制作思考。

1. 前期创意

本案例是一个时尚娱乐的电影排行榜栏目包装，首先让人想到的是数字，希望通过醒目的数字来提示观众电影的排名情况及受欢迎程度。在制作场景的时候，笔者希望能够找一个比较炫的主体物来映衬整个场景，这就需使用三维软件3ds Max进行制作。另外笔者用到的是一种富有激情色彩的音乐作为此栏目包装的背景音乐。

首先需要在3ds Max中创建三维文字和场景主体物，在创建三维文字的时候，笔者制作了一个类似圆盘的物体，并在上面用醒目的文字标示出"TOP10"，笔者创建了一个类似放射状的抽象主体物。

在合成的时候笔者注重了文字材质和主体物材质的调节，主体物表现得晶莹剔透，展现出一种很炫的效果，这样使得整个包装十分的抢眼。

完成全部场景的制作后，将在After Effects中渲染好的序列图片导入到编辑软件中进行音乐的合成，最终完成整个成片的制作。

在本案例的制作中需要的技术并不难，希望通过本章的学习，让同学们掌握整个案例的制作流程，并开拓思维创作出更优秀的作品。

2. 制作思考

经过上面的前期创意，大致明白了需要制作的元素。

本片的制作主要是使用3ds Max配合After Effects进行制作，在使用3ds Max软件制作时，要注意物体材质的调节，主体物材质的好坏决定了整个片子的成败，所以一定要将材质的调节渲染到位。在本案例中对于摄像机的把握是相当严格的，这需要读者反复的进行调试，尤其是镜头的快速切换需要很好的表现，如果镜头转换的快慢不协调会直接导致片子节奏的混乱。

3.1.2 在3ds Max中创建三维文字

1. 创建文字模型

（1）首先打开3ds Max，在场景中分别输入"TOP"和"10"两组字，字体设置为"经典综艺体简"，如图3-2所示。

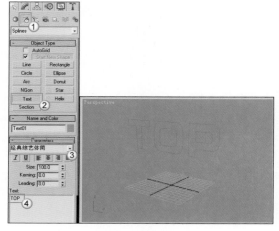

图3-2 输入文字

（2）选择文字"TOP"，单击鼠标右键，选择"Convert To：Editable Spline"命令将文字转换为样条线，然后进入顶点级别，通过调整顶点改变文字的形状，如图3-3所示。

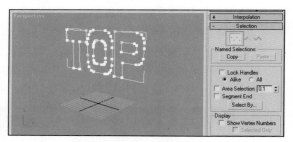

图3-3 编辑样条线

（3）选择数字"10"，将其转换为可编辑样条线，再对它的形状进行调节。先单击"Refine"按钮，然后在样条线上单击以添加顶点，然后调整顶点的位置，达到图3-4所示的效果。

（4）选择数字"10"，进入样条线层级，选中数字"0"的两根样条线，然后单击"Detach"按钮将其进行分离，这样就可以对数字"0"单独进行编辑和缩放，而不会影响数字"1"了，如图3-5所示。

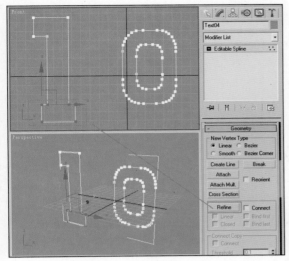

图3-4 调整图形的顶点

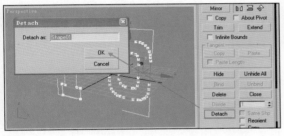

图3-5 分离图形

（5）选择数字"0"，通过缩放和移动来调节它的顶点，最终效果如图3-6所示。

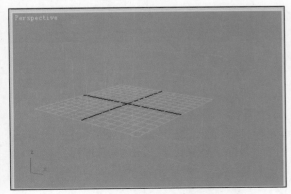

图3-6 调节后的效果

（6）通过单击"创建命令"面板中的 ... → Rectangle 按钮，分别在"TOP"及"10"文字处创建2个矩形，如图3-7所示。

（7）选择"TOP"文字，进入"修改"命令面板，单击"Attach"（附加）按钮，然后再拾取"TOP"文字处的2个矩形，使被附加进来

的2个矩形和"TOP"文字组合为一个对象，如图3-8所示。

图3-7 绘制矩形

图3-8 结合图形

（8）选择"TOP"文字，按数字键3，进入样条线级别，选择"O"的外框线，并进行布尔运算，先选择差集，然后拾取矩形框，切掉了一部分，再次拾取"O"的内框线，如图3-9和图3-10所示。

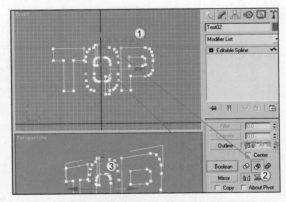

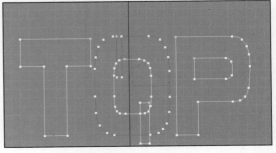

图3-9 进行布尔运算

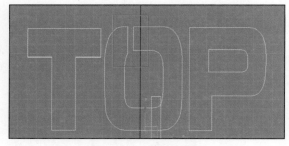

图3-10 运算后的结果

　　3ds Max的布尔运算经常会出现运算不出来或运算死机现象。这里教大家一个小技巧，就是在准备进行布尔运算的时候，检查一下各个点与点之间的距离，避免相交或者距离太近的情况，调整点的距离有利于得到正确的运算结果。

　　（9）同理，将其他文字也进行相应的布尔运算，效果如图3-11所示。

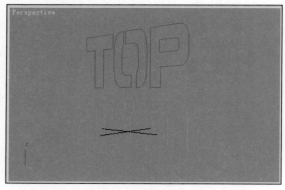

图3-11 进行布尔运算后的效果

　　（10）对文字"TOP 10"进行倒角处理。选择"TOP"文字，进入"修改命令"面板，在修改器列表中为其添加一个"Bevel"修改器，具体参数设置如图3-12所示。

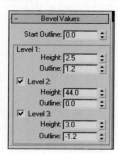

图3-12 设置倒角参数

　　（11）为数字"10"也加入倒角修改器，参数相同，效果如图3-13所示。

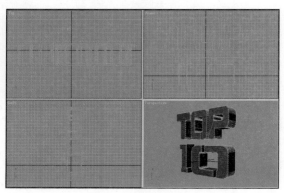

图3-13 对文字添加倒角修改器后的效果

2. 为文字指定材质

　　（1）选择"TOP"文字，单击鼠标右键，选择"Convert To:Convert to Editable Poly"命令将其转化为多边形，如图3-14所示。

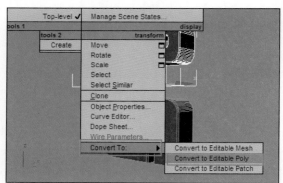

图3-14 转换为可编辑多边形

　　（2）为材质分配ID，按4键进入Face（面）层级，选择正面部分的面，将这部分面的"Set ID"设置为"1"，如图3-15所示。

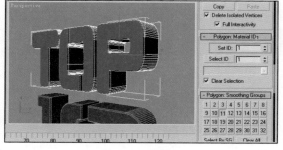

图3-15 设置ID

　　（3）接着选择侧面的面，将其"Set ID"设置"2"，如图3-16所示。

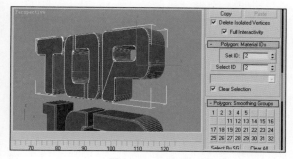

图3-16 设置ID

（4）选择倒角部分的面，将其"Set ID"设置为"3"，如图3-17所示。

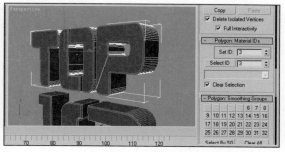

图3-17 为面指定ID

（5）按M键打开"材质编辑器"，选择一个材质球，设置它的类型为"Multi/Sub-Object"（多维子对象）材质，如图3-18所示。

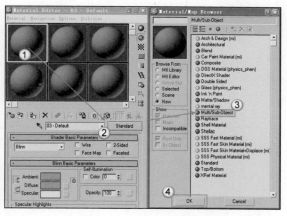

图3-18 选择材质类型

（6）单击"Set Number"按钮，设置为3个子材质，进入第1个材质球，命名为"正面"，设置为"Metal"金属模式，"Diffuse"（漫反射颜色）为（R:80，G:113，B:255），"Specular Level"（高光级别）为"220"，

"Glossiness"（光泽度）为"61"。展开"Maps"卷展栏，设置"Reflection"（反射）贴图为"Raytrace"（光线追踪）模式，值为"70"，设置"Refraction"（折射）贴图也为"Raytrace"模式，值为"20"，如图3-19所示。

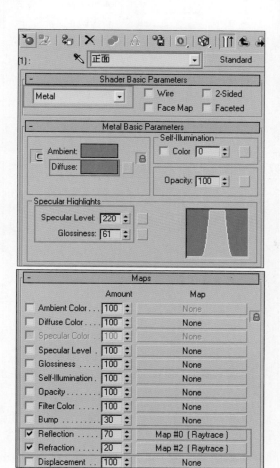

图3-19 第1个材质球参数设置

（7）进入第2个材质球，命名为"侧面"，设置为"Metal"金属模式，"Diffuse"（漫反射颜色）为（R:195，G:195，B:195），"Specular Level"（高光级别）为"191"，"Glossiness"（光泽度）为"87"。展开"Maps"卷展栏，设置"Reflection"（反射）贴图为"Raytrace"模式，值为"60"，设置"Refraction"（折射）贴图也为"Raytrace"模式，值为"30"，如图3-20所示。

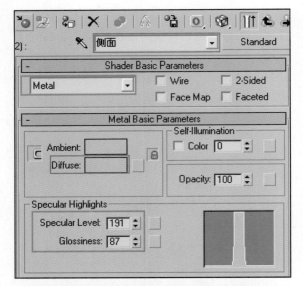

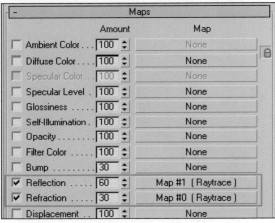

图3-20　第2个材质球的参数设置

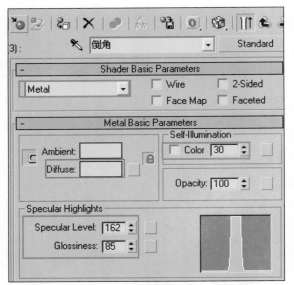

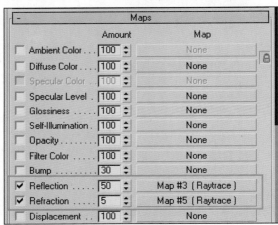

图3-21　第3个材质球参数设置

（8）进入最后一个材质球，命名为"倒角"，设置为"Metal"金属模式，"Diffuse"（漫反射颜色）为（R:222，G:222，B:222），"Specular Level"（高光级别）为"162"，"Glossiness"（光泽度）为"85"，"Color"（自发光）为"30"。展开"Map"卷展栏，设置"Reflection"（反射）为"Raytrace"模式，值为"50"，设置"Refraction"（折射）贴图也为"Raytrace"模式，值为"5"，如图3-21所示。

（9）选择文字"TOP"，把材质赋予给文字"TOP"，如图3-22所示。

图3-22　指定材质

（10）增加辅助元素，让画面更充实。这些模型都是由一些很简单的几何体组成的，方法非常简单，这里就不详细讲解了，如图3-23所示。

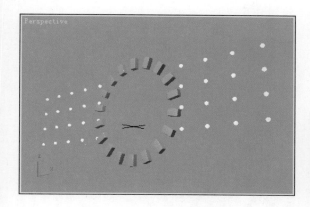

图3-23 添加辅助元素

3. 创建摄像机和灯光

（1）在"创建命令"面板单击 按钮，再单击"Target"（目标摄像机）按钮，在画面正45°角度方向的位置创建一台摄像机，具体位置 x、y、z 分别为458.169、-417.696、-81.952，如图3-24所示。

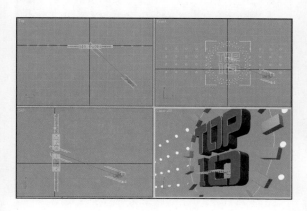

图3-24 创建摄像机

（2）设置摄像机动画关键帧。在0帧处按下"Auto Key"按钮记录关键帧，在60帧处将摄像机移动到左侧，然后在75帧处，将摄像机从文字"TOP 10"中间的缝隙穿出去，如图3-25所示。

（3）在第0帧时，在摄像机位置靠后上方的地方创建一盏目标聚光灯，并且将它绑定到摄影机上，这样，灯光便会跟随摄影机的移动而移动，再设置灯光的"Multiplier"（倍增）

值为"0.4"，"Hotspo/Beam"（聚光区）值为"16.396"，"Falloff/Field"（衰减区）为"45"；然后在正前方创建一盏目标聚光灯，"Multiplier"（倍增）值为"0.2"，"Hotspo/Beam"（聚光区）值为"37.374"，"Falloff/Field"（衰减区）为"45"，如图3-26 ~ 图3-28所示。

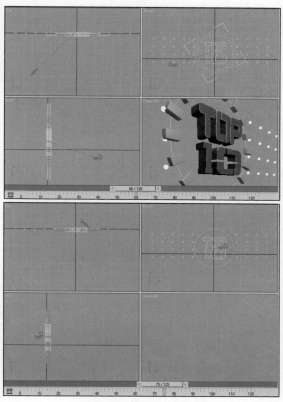

图3-25 制作摄像机移动动画

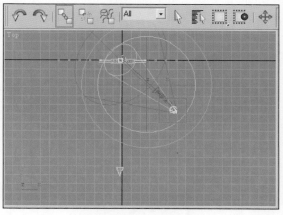

图3-26 创建目标聚光灯

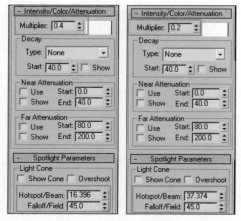

图3-27　两盏灯光的参数设置

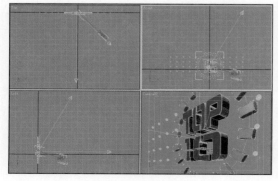

图3-28　2盏灯光位置

（4）为环境贴图指定一张HDRI贴图，让动画变得更加有动感。执行"Rendering/Environment"菜单命令，或按下数字键8，打开"Environment and Effects"对话框，为其指定一张HDRI贴图，并将其拖曳到材质编辑器中的空白材质球上，将其关联复制，再设置为"Spherical Environment"模式，"Blue offset"（模糊）值为"0.065"，如图3-29所示。

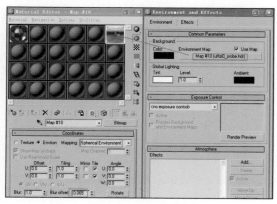

图3-29　设置环境贴图

（5）到此，前面3秒的"TOP 10"动画已经全部完成。按下F9键进行渲染，效果如图3-30所示。

图3-30　渲染效果

3.1.3　制作3D场景

首先来分析一下主体物的构造，如图3-31所示。从图中不难发现，主体物都是由一些稍加调整的长方体拼凑组成，相信稍微有一点3ds Max基础的读者都能轻易创建出来。关于主体物模型的创建，在这里就不详细讲解了，读者朋友可以在本书的配套光盘中找到。

软件工具永远都是简单的，关键是要有好的思想和创意，别小看这些长方体，简单的东西也可以做出很好的效果。

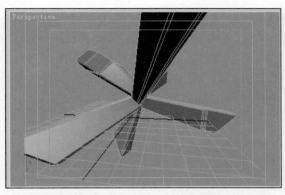
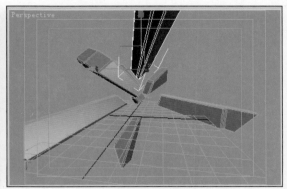
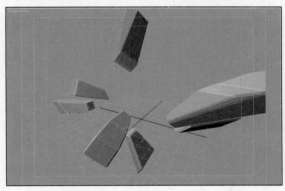
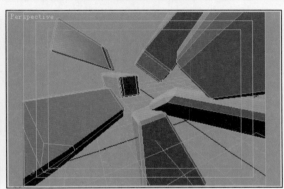
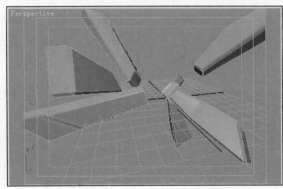
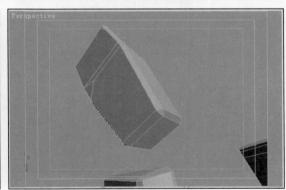

图3-31 制作完成的3D模型

1. 制作场景物体的材质

（1）打开"材质编辑器"，选择一个新的材质球，设置材质类型为"Metal"，"Diffuse"（漫反射颜色）为深蓝色（R:3，G:86，B:124），"Specular Level"（高光级别）是"35"，"Glossiness"（光泽度）为"73"。展开"Maps"卷展栏，设置"Reflection"（反射）和"Refraction"（折射）都为"Raytrace"（光线追踪）模式，"Reflection"（反射）值设置为"33"，"Refraction"（折射）值设置为"100"，如图3-32所示。

（2）按下数字键8，打开"环境和效果"对话框，设置"Background Color"（环境背景颜色）为深蓝色（R:1，G:55，B:86），如图3-33所示，这样主体物就不会反射出带黑色的地方，渲染效果如图3-34所示。

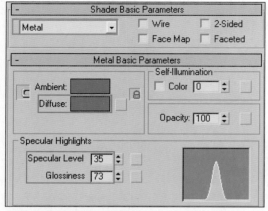

图3-32 设置场景物体的材质

图3-33 设置背景颜色

图3-34 指定材质后的渲染效果

2. 丰富细节

（1）从图3-34中可以看出渲染效果缺乏细节和质感，为了使主体物反射细节更多，让画面更好看，可以在主体物周围加上运动的方块和反光板，如图3-35所示。

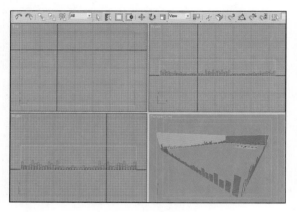

图3-35 添加反射物体

（2）方块是运动的，高低不同，上下的跳动像乐符一样，其实就是为方块的Height（高度）制作关键帧动画。具体跳动速率可以根据实际需要来设定，没有固定的值。最后将这些方块围绕成一圈，如图3-36所示。

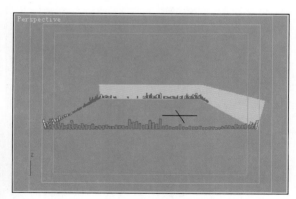

图3-36 添加反射物体

（3）紧贴着方块后面创建一个面作为反光板，目的是让更多的场景细节能够反射到主体物上，从而使主体物看起来细节丰富并具有很好的质感，如图3-37所示。

（4）观察一下主体物与方块和反光板之间的位置距离，如图3-38所示。

图3-37 添加反光板物体

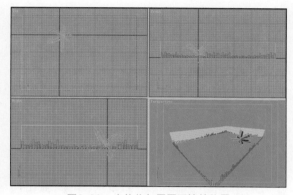

图3-38 主体物与周围环境的位置

（5）打开"材质编辑器"，首先来设置方块的材质。选择一个新的材质球，设置为"Metal"（金属）类型，具体参数设置如图3-39所示。

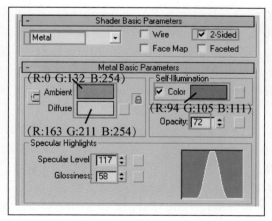

图3-39 材质参数设置

（6）展开"Maps"卷展栏，为"Refrection"（反射）和"Refraction"（折射）贴图通道指定一个"Raytrace"（光线追踪）贴图，具体设置如图3-40所示，最后选择所有的方块，将材质赋予给它。

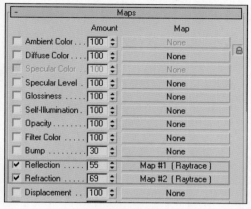

图3-40 材质贴图设置

（7）设置反光板的材质。选择一个新的材质球，设置为"Metal"金属类型，"Ambient"（环境光颜色）为蓝色，"Diffuse"（漫反射颜色）为淡蓝色，具体设置如图3-41所示，然后将材质赋予给反光板。

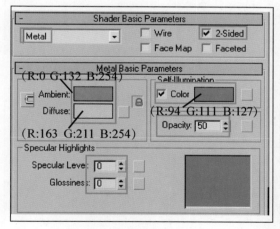

图3-41 反光板的材质参数设置

（8）再次进行渲染，使其和之前的效果进行对比，可以发现添加了反射环境后的效果明显多了许多反射的细节，这也就是方块与反光板的作用，如图3-42所示。

3. 创建摄像机动画

（1）单击右下方的时间码表，在弹出的窗口中设置"Frame Rate"为"PAL"制，"Animation Length"（关键帧长度）设置为

"320"帧，如图3-43所示。

成摄像机视图。

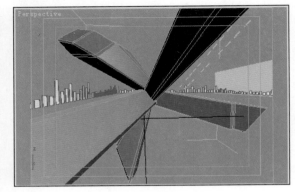

图3-44 调整透视图设置

（3）将摄像机的目标点移动到主物体中间，这样在移动摄像机时，视角就会跟着物体转动，如图3-45所示。

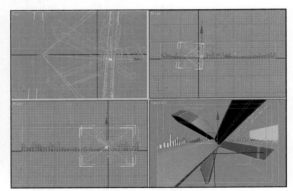

图3-45 移动摄像机目标点

图3-42 添加反射环境前后效果对比

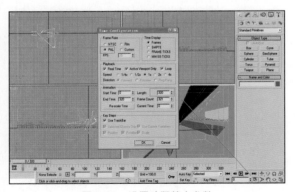

图3-43 设置动画基本参数

由于在本片中这是一个长镜头，所以摄像机的质量直接关系到影片的观赏效果。

（2）打开本书配套光盘中的"第3章\素材\主体002.max"场景文件，调整透视图的位置，如图3-44所示，然后按Ctrl + C组合键在透视图的位置创建一架摄像机，再按C键将透视图转换

（4）下面来设置摄像机的关键帧动画，选择移动工具，按下"Auto Key"（自动记录关键帧）按钮，在0帧处，设置摄像机x、y、z位置分别是（-77.814，0.485，20.509），目标点x、y、z位置为（18.874，-6.724，13.092）；在第15帧处，设置摄像机x、y、z位置分别是（27.182，-98.517，20.509）；在第60帧处，设置摄像机x、y、z位置分别是（43.577，-94.629，18.471）；在第76帧处，设置摄像机x、y、z位置分别是（38.463，25.179，44.747）；在第122帧处，设置摄像机x、y、z位置分别是（39.438，34.43，30.034），在第135帧处，设置摄像机x、y、z位置分别是（-49.086，10.486，12.738）；在第180帧处，设置摄像机x、y、z位置分别是（-46.676，7.461，7.473）；在第200帧处，设置摄像

机x、y、z位置分别是（-40.663，19.501，76.958），如图3-46所示。

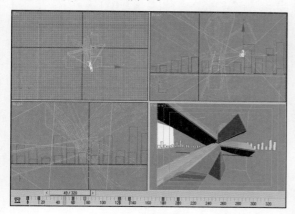

图3-46 设置动画

4. 为场景布光

（1）根据摄像机的位置，分别为场景创建3盏目标聚光灯和3盏泛光灯。同样使用"选择并移动"工具调整灯光的位置，第1盏目标聚光灯"Spot01"的x、y、z位置为（461.435，-300.78，404.607），目标点的位置为（12.658，-16.352，-5.024），"Multiplier"（倍增）值为0.3；第2盏目标聚光灯"Spot02"的x、y、z位置为（-309.758，-195.648，446.134），选择目标点，它的位置为（80.366，92.435，-2.226），"Multiplier"（倍增）值为"0.86"；第3盏目标聚光灯"Spot03"的x、y、z位置为（588.171，78.981，571.498），选择目标点，它的位置为（-234.897，-22.476，-60.53），"Multiplier"（倍增）值为"0.901"，颜色为米黄色，如图3-47～图3-49所示。

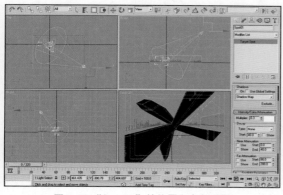

图3-47 "Spot01"的位置和参数设置

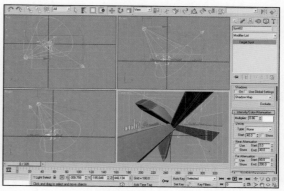

图3-48 "Spot02"的位置和参数设置

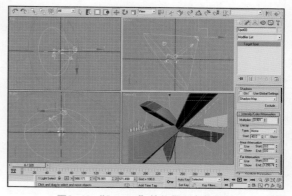

图3-49 "Spot03"的位置和参数设置

（2）下面来创建3盏泛光灯。"Omni01"的位置为（106.334、-42.468、51.175），"Multiplier"（倍增）值为"0.73"；"Omni02"的位置为（-254.633、-160.242，257.347），"Multiplier"（倍增）值为"0.43"；"Omni03"的位置为（21.85，-285.957、-336.303），"Multiplier"（倍增）值为"0.2"，颜色为淡绿色，如图3-50～图3-52所示。

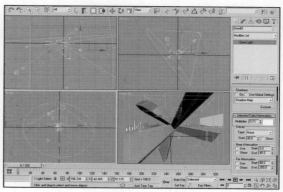

图3-50 "Omni01"的位置和参数设置

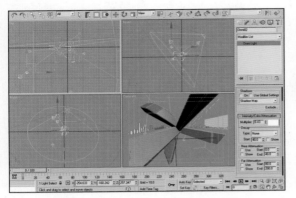

图3-51 "Omni02"的位置和参数设置

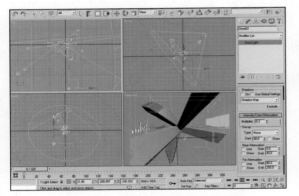

图3-52 "Omni03"的位置和参数设置

（3）摄像机和灯光创建完成后，下面开始制作移动的电影预览板，并给它贴图。先创建一个长为23，宽为19，段数为1的面，然后向右复制6个相同的面，并排排列好，如图3-53所示。

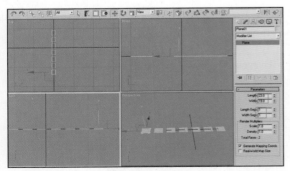

图3-53 创建面

（4）接着打开"材质编辑器"，找一些电影的图片或者是动态的视频作为贴图，如图3-54所示。

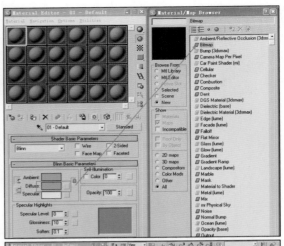

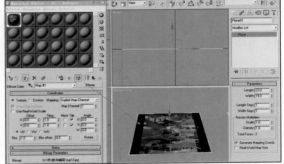

图3-54 指定贴图

 提示

如果图片的位置反了，可以进入"修改"命令面板，为其添加一个"UVW Mapping"修改器，然后切换到旋转工具，进入"Gizmo"层级，旋转图片到适当的位置，最后单击"Fit"按钮进行适配，如图3-55所示。

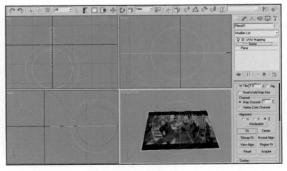

图3-55 旋转贴图坐标

（5）其他电影预览板的贴图方法同上，这里就不再赘述了，最后把这些电影预览板导入到主体场景，摆放好位置，如图3-56所示。

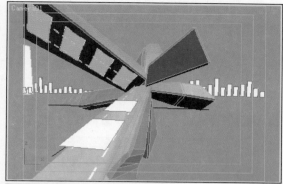

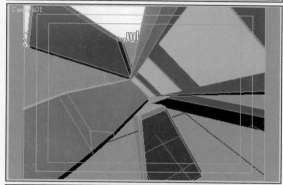

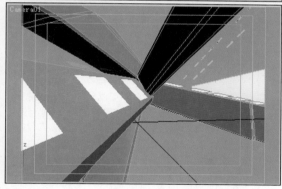

图3-56 导入场景

（6）最后做这些预览板的位移关键帧动画。大家可以参见本书配套光盘中的"第3章\素材\主体003.max"文件。

 提示

图中预览板都没有给贴图，读者朋友们可以根据自己的需要，贴上自己想要贴的图。

（7）最后输入文字"十大电影排行榜"字样，然后渲染出序列，至此在3ds Max中的工作就全部完成了。

3.1.4 在After Effect中进行后期处理

1. 为素材添加特效

（1）打开After Effects CS3，新建一个合成Comp，命名为"final"，设置"Preset"为"PAL D1/DV"，"Duration"（持续时间长度）为"11秒21"帧，如图3-57所示。

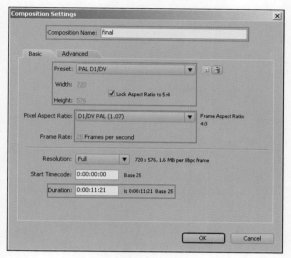

图3-57 新建合成

（2）依次导入背景素材、主体物和电影预览板，然后选择主体，按Ctrl+D组合键复制一份，并将叠加模式改为"Screen"屏幕方式，如图3-58所示。

图3-58 复制图层

（3）选择"主体"图层，为它添加"Curves"特效，效果如图3-59所示。

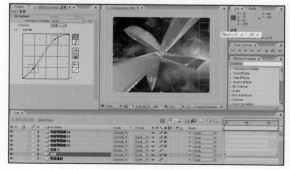

图3-59 添加特效

（4）为"电影预览板01"层添加"Shine"特效，设置"Ray Length"为"5.4"，"Boost Light"为"2"，在0秒处启示"Source Point"关键帧，参数为（709.5，-163.3），在00:19帧处为（281.8，356），2:15秒处为（234.4，362.5），3:05秒处为（-125，1104），如图3-60所示。

图3-60　记录关键帧

（5）为"电影预览板02"层添加"Glow"和"Shine"特效，参数设置如图3-61所示。

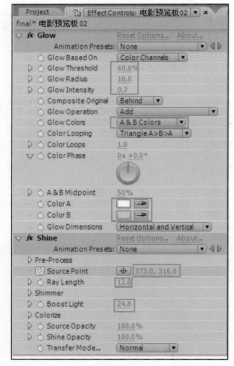

图3-61　"Glow"特效和"Shine"特效的参数设置

（6）为"电影预览板02"层设置关键帧动画，在2:24秒处记录"Source Point"关键帧，参

数为（373，316），在5:06秒处设置为（629，70），如图3-62所示。

图3-62　记录关键帧

（7）为"电影预览板03"层添加"Glow"和"Shine"特效，具体参数设置如图3-63所示。

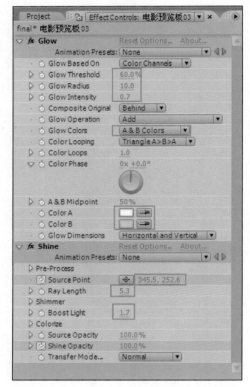

图3-63　"Glow"特效和"Shine"特效参数设置

（8）设置"电影预览板03"关键帧动画，在5:18秒处，记录"Source Point"关键帧，参数为（345，252.6）；6:05秒处为（167.6，310.5）；在7:00秒为（131.3，321.3），同时按下"Shine Opacity"关键帧码表，将"Shine Opacity"设置为"100"；在7:07秒处，设置"Source Point"值为（298，751）；7:09秒处，"Shine Opacity"为"0"；7:11秒处，"Source Point"值为（-41.1，636.3）；7:17秒处，"Source Point"值为（171，747）；11:06秒处，按下"Opacity"不透明度关键帧码表，"Shine Opacity"值为"100"，11:11秒处，"Shine Opacity"值为"0"，如图3-64所示。

图3-64 设置关键帧

（9）为"电影预览板04"添加"Brightness&Contrast"和"Curves"特效，具体参数设置如图3-65所示。

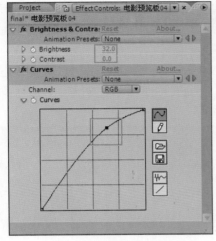

图3-65 特效参数设置

2. 在ParticleIllusion中制作粒子特效

（1）打开ParticleIllusion软件，这是一款非常专业的粒子软件，可以瞬间帮我们完成很多漂亮的粒子效果，启动界面如图3-66所示。

图3-66 ParticleIllusion启动界面

（2）由于这是一款独立软件，需要设置它的舞台尺寸。选择工具栏中的"选项"图标，设置"Stage Size"（舞台尺寸）为"720×576"，"Frame rate"（帧速率）为"25"，然后单击"OK"按钮，这样就和After Effects中的尺寸大小以及帧速率完全一样了，如图3-67所示。

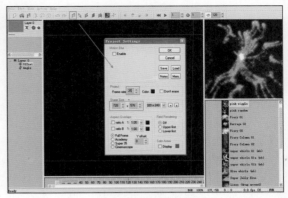

图3-67 设置帧速率

（3）在"粒子库"面板空白处单击鼠标右键，找到"Load Library"载入粒子命令，如图3-68所示，在弹出的窗口中找到名为"emitters_03_06.il3"的库文件，单击"OK"按钮，然后展开"Tom Granberg"文件夹，找到粒子"Matrixy"，最后将粒子拖曳到舞台上，效果如图3-69所示。

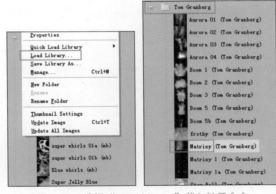

图3-68 选择"Load Library"载入粒子命令

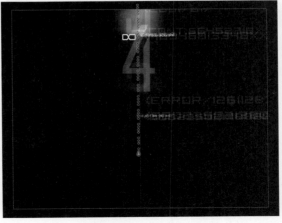

图3-69 "Matrixy"粒子效果

（4）在工具栏中设置总长度为"300"帧，单击红色按钮，渲染出TGA序列，如图3-70所示。

图3-70　设置渲染的帧数

3. 后期处理

（1）进入After Effect中，将刚渲染出来的粒子效果导进来，再复制一层，将叠加模式改为"Screen"方式，并将复制的那层"Opacity"（不透明度）设置为"40%"，如图3-71所示。

图3-71　设置层的不透明度

（2）创建一个"Adjustment"（调节）层，为其添加一个"Invert"和"Curves"特效，如图3-72所示。

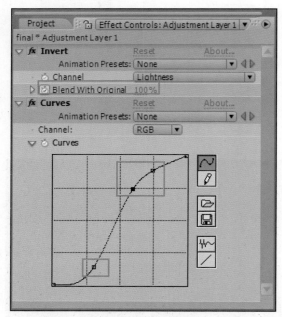

图3-72　特效参数设置

（3）在2:14秒处，单击"Invert/Blend with Original"选项的关键帧码表，记录关键帧，此时的参数为"100"；过2帧后，将值设置

为"0"；再过2帧，将值设置为"100"；再往后2帧将值设置为"0"，再过2帧将值设置为"100"；最后在5:00秒处，设置"Blend with Original"为"100"，过2帧后将值设置为"0"，再过2帧后将值设置为"100"，如图3-73所示。

图3-73　设置关键帧

（4）创建一个固体层，然后为其连续添加2次"Light Factory EZ"特效，参数设置如图3-74所示。

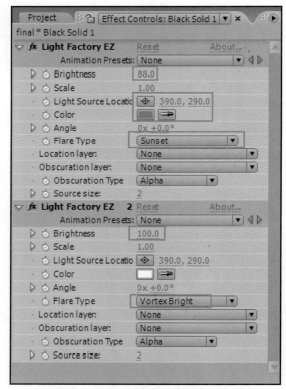

图3-74　特效参数设置

（5）选择这个"固态"层，按P键，设置x、y的值为（-74，-9），如图3-75所示。

图3-75　设置位置参数

这样在After Effects中的第一部分工作就完成了，效果如图3-76所示。

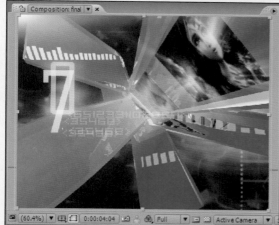

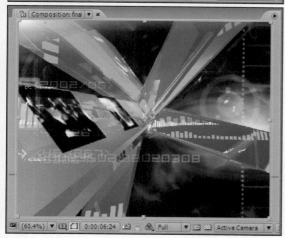

图3-76 完成效果

4. 处理文字

还记得最开始做的文字"TOP 10"吗？接下来笔者就详细讲解他们的应用。

（1）新建一个合成Comp，命名为

"Top10"，设置"Preset"为"PAL D1/DV"，"Duration"（持续时间长度）为"15:00秒"，如图3-77所示。

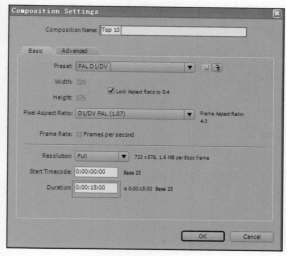

图3-77 新建合成

（2）新建一个"固态"层，并添加一个"Ramp"特效，设置"Start Color"为深蓝色，"Start of Ramp"（位置）为（352，416），"End Color"为黑色，"End of Ramp"（位置）为（758，-54），"Ramp Shape"（类型）为"Radial Ramp"（径向渐变），效果如图3-78所示。

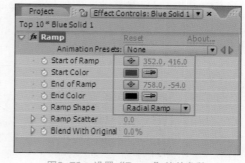

图3-78 设置"Ramp"特效参数

（3）新建一个"固态"层，命名为"光束"，为其添加"Light Factory EZ"特效，"Light Source Locatio"设置为（360，290），"Flare Type"（类型）为"Vortex Bright"，然后按S键，设置"Scale"（缩放）值为（366，10），再按P键，单击"Position"前面的码表记录关键帧，在0秒位置"Position"设置

为（260，814），3:06秒处"Position"设置为（290，-79）；在2:17秒处按下T键，设置"Opacity"（不透明度）为"100"，在2:19秒处设置"Opacity"（不透明度）为"0"，如图3-79所示。

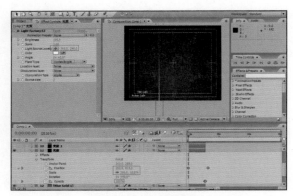

图 3-79　设置关键帧

 提示

　　这些光束的长度和渲染出的"Top 10"长度是一样的，长度为2:20秒，稍后将导入"Top 10"。

（4）选择"光束"层，按Ctrl+D组合键3次，将其复制出3层，并移动一下的位置，如图3-80所示。

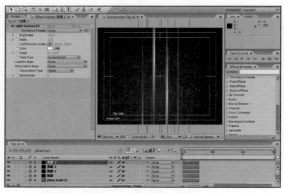

图 3-80　设置关键帧

（5）新建一个"固态"层，为其添加一个"Light Factory EZ"特效，具体参数设置如图3-81所示。

（6）新建一个"固态"层，为其添加一个"Light Factory EZ"特效，具体参数设置如图3-82所示，效果如图3-83所示。

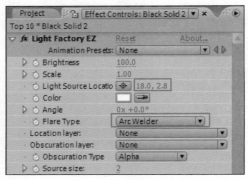

图3-81　"Light Factory EZ"特效参数设置

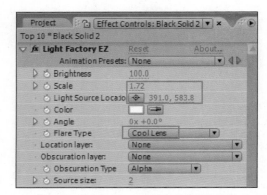

图3-82　"Light Factory EZ"特效参数设置

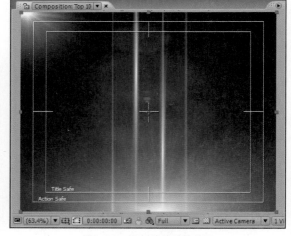

图3-83　添加特效后的效果

（7）导入渲染出的"Top 10"序列，为其添加"Curves"和"Hue/Saturation"特效，如图3-84所示。

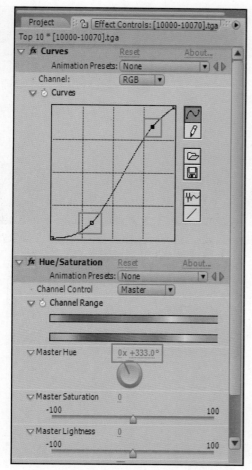

图3-84 调整色相饱和度

（8）选择文字"Top 10"层，按Ctrl+D组合键复制一层，然后将叠加模式改为"Screen"（屏幕）方式，再删掉添加的特效，设置"Opacity"（不透明度）为"82"，效果如图3-85所示。

图3-85 设置图层模式

（9）选择背景层，在2:16秒处按T键展开不透明度参数，并单击关键帧码表记录关键帧，在2:17秒处设置"Opacity"（不透明度）为"0"；然后选择"光束"和"光效"层，在2:17处按T键，并单击关键帧码表记录关键帧，在2:19秒处设置"Opacity"（不透明度）为"0"，如图3-86所示。

图3-86 设置关键帧

（10）在2:17秒处，导入渲染出的"主体物"序列，在10:13秒处导入渲染出的"文字"序列，如图3-87所示。

图3-87 导入素材

（11）新建2个"固态"层，移动时间线到10:08秒处，绘制一个Mask路径，描绘出"文字序列"的边框，并为其添加"3D Stroke"、"Starglow"和"Glow"特效，具体参数设置如图3-88所示，效果如图3-89所示。

（12）在顶层新建3个"固态"层，分别命名为"光1"、"光2"和"光3"，分别添加"Light Factory EZ"特效，参数如图3-90所示。

 提示

这些添加了"Light Factory EZ"特效的"固态"层，叠加模式都要使用"Screen"（屏幕）方式显示，这样才能去掉黑色的背景。

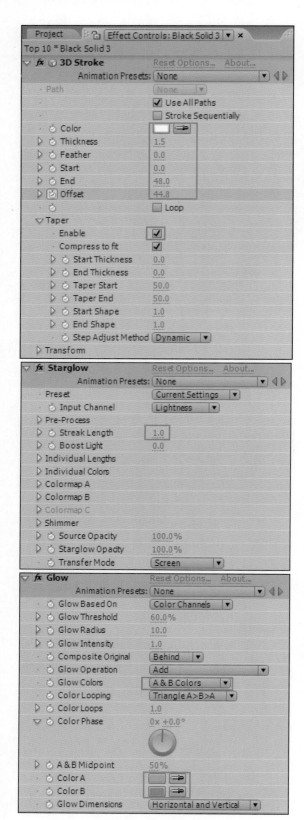

图3-88　特效参数设置

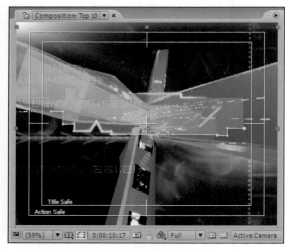

图3-89　添加特效后的效果

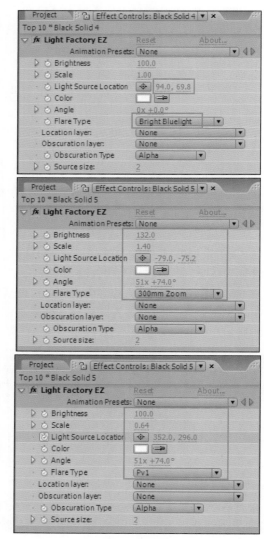

图3-90　特效参数设置

（13）选择"固态"层"光3"，在3:17秒处按下"Light Source Location"关键帧码表，参数为（174，548），4:10秒处设置为（262，377.2），在5:01秒处，设置为（352，296）；在3:11秒处，按T键，打开不透明度关键帧，设置"Opacity"参数为"0"，在3:19秒处设置"Opacity"为"100"，在4:22秒处设置"Opacity"为"100"，在5:08秒处设置"Opacity"为"0"，如图3-91所示。

（14）到此，一个栏目的片头包装就完成了，最后按下Ctrl+M组合键进行渲染出片，最终效果如图3-92所示。

图3-92 最终案例效果

图3-91 设置关键帧

3.2 课堂练习
——星旅途

图3-93 案例最终效果

3.2.1 前期创意和技术要点

1. 前期创意

本案例是一个时尚娱乐栏目，新旅程能让人联想到一些新的事物、新的开始、新的旅途又或者寓意为重新再来。在这里笔者将"新"换成"星"，"星旅程"就是明星旅程，而这个旅程不是介绍明星的成长过程，而是在表述明星带"游走"的含义。

"星"要有明星，"旅程"要有地方，而这些如果真要去请明星，或者到实地去拍摄都是不可能的，用三维软件模拟的工程量比较大，所以这里只能用图片来代替，走平面路线来达成目的，同时也确定了片子的整体风格。光有图片还不够，这里还需要想到一些辅助画面的物体。在本案例中笔者采用线条、花卉等这些既简约又时尚的辅助素材运用到片子中来增加片子的细节。值得注意的是辅助素材一定不能太花、太乱，更不能喧宾夺主，做到适当、适量才是最好的。

2. 制作思考

分析了片子的创意思路和整体风格取向之后，下面分析一下制作的流程。由于片子走的是平面化的风格，因此需要搜集一些素材图片，在搜索这些图片的时候要遵循以下原则，原则一，图片中的物体要具有较好的光感，不能有较大的明暗界限，也就是说光线要均衡一些；原则二，所选的素材图片要符合片子的主题；原则三，所选图片中的元素可以是风景类、建筑类等。因为主体图片是静止的，所以其他的辅助元素肯定是要动态的，正所谓动静结合就是这个道理。动态的辅助元素可以让片子更加的活跃，让画面更加的丰富，同时也将辅助素材的功能最大化的体现出来。

3.2.2 练习知识要点

（1）首先在3ds Max中制作彩条以及电视，如图3-94所示。

图3-94 彩条与电视

（2）在After Effects中进行后期合成，使用制作完毕的彩条并导入景观素材制作动画，如图3-95所示。

图3-95 彩条与图片景观

（3）使用同样的方法制作其他镜头，如图3-96所示。

图3-96 人物与景观

（4）在制作落版场景时可以导入花朵生长素材，并添加文字，对文字施加文字特效，如图3-97所示。

图3-97 文字动画

（5）最后进行最终的合成及渲染输出，如图3-98所示。

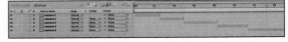

图3-98 最终合成

3.3 课后习题
——宝贝一家亲

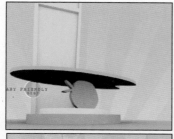

图3-99　最终案例效果

◆ 练习知识要点

运用卡通人物形象或者表现比较有趣的事物是制作少儿益智类栏目通常运用的手法。在本案例中笔者就运用了以卡通画面为主导的手法进行制作。最终案例效果如图3-99所示。

笔者考虑到栏目的主题"宝贝一家亲"应当为一家人的活动，经过抽象的分析，笔者在这精心设计了一个"益智环节"，通过这个环节将三个宝贝进行一轮益智对答，从而表现出小孩子的天真无邪，增强与观众的互动性，让栏目和观众之间的距离更加亲密，这样便达到了目的。本案例在制作时运用了非常鲜亮的颜色，目的就是让画面看起来很纯、很干净，再配合卡通人物造型，让场景更加趣味化，从而调动孩子的观看兴趣。栏目的整体分析、栏目的构造和设计都是以儿童为中心，要让画面有一种亲切感，脱离简单的制作，将思想内容融入到栏目中。

得到创意方案之后，下面分析一下如何运用软件将本案例制作完成。通过运用3ds Max强大的建模和渲染技术将创意中提到了"益智环节"制作完成，在制作过程中使用3ds Max来完成，然后配合使用After Effects软件进行简单的后期处理即可将本案例制作完毕。

第4章
频道台标演绎

本章为一个频道的台标、呼号，沿用了常见的LOGO演绎的方法，案例分镜头效果如图4-1所示。

在本章的学习中，主要涉及LOGO的模型制作及其材质灯光的表现和LOGO镜头方面的表现。另外，落版的粒子汇聚LOGO动画以及路径粒子流的制作也是制作中的重点所在。

在After Effects的合成中，对于画面整体风格的把握和LOGO速度节奏的调节都是在本例中需要好好理解的重点。

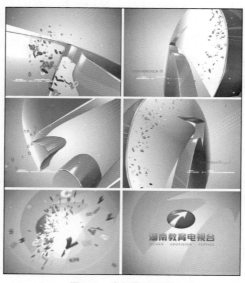

图4-1　案例最终效果

4.1.1　前期创意与制作思考

1.　前期创意

关于这类台标、呼号，还是采用了常用的三维LOGO演绎表现方式。

由于频道是教育方面的，在制作粒子流的时候，进行了数字方面的粒子替换，用数字来寓意教育。在经过多个镜头的LOGO动画表现之后，在落版的处理上，考虑用数字汇聚LOGO的方式体现出"素质（数字）"教育的主题。

2.　制作思考

经过上面的创意分析，可以得出大致的一个制作思路，即在三维软件中制作各场景的LOGO和粒子流动画，然后分别渲染出序列帧。

关于粒子流的动画，主要涉及到了粒子的替换。最后将渲染出的序列帧导入到After Effects中进行最后的特效合成。

LOGO的模型制作方面，主要是圆形倒角的制作和材质灯光的表现；在动画的设置方面，主要是摄像机的创建和镜头的表现，利用广角镜头表现宏大的场景。

另外，在制作落版LOGO的粒子汇聚动画中，需要制作LOGO的渐变贴图来控制LOGO的出现，同时创建Ramp（渐变）节点控制粒子按纹理发射是制作的重点和难点所在。

在合成的时候，背景的处理尽量简单化，利用渐变特效制作灰调背景。另外，一些场景中的LOGO动画还需要通过曲线编辑器来调节运动的快慢，以配合整体画面前后的节奏。

在最后的合成中，为画面添加装饰性的文字等元素丰富画面构成，然后进行渲染输出。

最后的工作就是将在After Effects中渲染好的序列图片导入到编辑软件中进行音乐的合成，最终完成整个成片的制作。

4.1.2　在Maya中制作LOGO模型

在本小节中，将着重介绍在Maya中如何制作出圆形倒角的精致模型，其中圆形倒角的制作以及材质、灯光的创建是本节的重点所在。

1.　制作圆形倒角LOGO

（1）首先启动Maya 8.5，选择"Files/ Import"菜单命令，在打开的"导入文件"对话框中选择已经制作好的LOGO的AI文件，如图4-2所示。

图4-2　导入LOGO的AI文件

（2）按下键盘上的F3键切换到"Modeling"模式下，然后选择"Edit Curves/Rebuild Curve"菜单命令，在弹出的新对话框中设置"Number of Spans"的值为"60"，并将"Degree"设置为"3 Cubic"，通过这样的设置来提高线段的精度，如图4-3所示。另外一种方法是通过导入参考背景图来绘制线段。

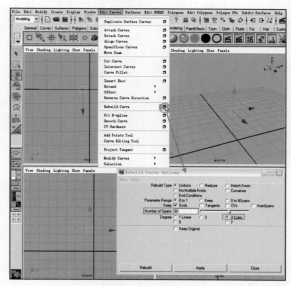

图4-3　设置线段精度

"Degree"表示次方数，"1Linear"表示直线，而次方数越大则线段就越光滑，精度也就越高。

（3）选择导入的AI线框，然后选择"Surfaces/Bevel"菜单命令，打开"Bevel（倒角）Options"对话框，设置"Bevel Width"（倒角的宽度）和"Bevel Depth"（倒角的深度）以及"Extrude Height"（挤压的高度），同时注意选择"Bevel Corners"（倒角的方式）为"Circular Arcs"（圆形倒角），具体设置如图4-4所示。

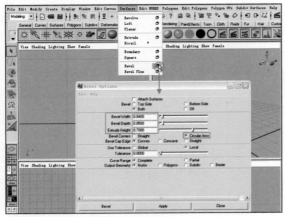

图4-4　进行倒角设置

（4）设置完毕后单击对话框中左下方的"Bevel"按钮，可以在视图中清晰到看到圆形的倒角已经完成了，如图4-5所示。

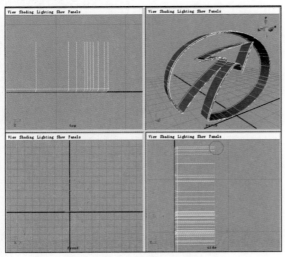

图4-5　完成后的倒角效果

在进行倒角的时候，如果模型倒角出现了裂口，是因为线段没有闭合的缘故，需要使用"Edit Curves/Open"或"Close Curves"（打开或关闭曲线）命令闭合线段。而闭合后的线段有可能会产生接缝处的变形，需要进入曲线控制级别调整曲线。

（5）在软件界面左边切换界面显示方式，选择"大纲视图"方式，在大纲中可以清楚地看到，经过倒角后的LOGO是分成了3个单独的物体，即侧面和两个倒角面，这是Maya相对于3ds Max所独有的特点，这样的好处是便于分别选择并进行设置控制，如图4-6所示。

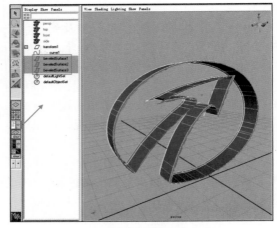

图4-6　"大纲视图"显示方式

（6）选择LOGO模型的一个倒角面，单击鼠标右键进入它的ISO级别，如图4-7所示。

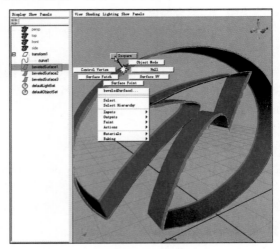

图4-7　进入ISO级别

（7）选择倒角面的ISO线（图4-8中所示的黄线），然后选择"Surfaces/Planar"（平面化）菜单命令。

图4-8 选择ISO线并选择"Planar"命令

（8）生成正面后的效果如图4-9所示。

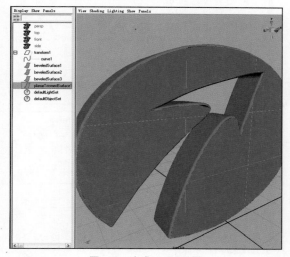

图4-9 生成LOGO正面

（9）按照同样的方法，选择另外一个倒角面进行平面化，结果如图4-10所示。

2. LOGO的材质制作

（1）制作正面材质。

① 首先来制作LOGO正面材质。选择"Window/Rendering Editors/Hypershade"菜单命令（如图4-11所示），打开"材质贴图"对话框。

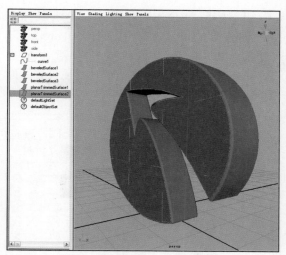

图4-10 完成另一个倒角面的平面化

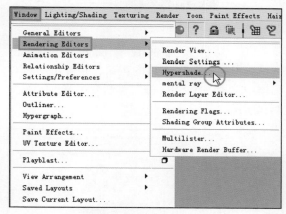

图4-11 打开"材质贴图"对话框

② 在弹出的"材质编辑"对话框中可以看到右边上方的区域内已经存在了3个默认的材质球，这里先不用管它，只需要在左边的材质球创建栏中单击"Blinn"模式创建一个新的材质球即可，如图4-12所示。

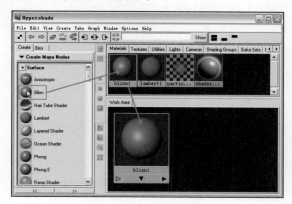

图4-12 创建"Blinn"材质球

③ 选择"Blinn"材质球，单击鼠标右键，在弹出的快捷菜单中选择"Rename"（重命名）命令，将材质球重新命名为"zhengmian"，然后在右边的"材质设置"面板中进行基本的设置，如图4-13所示。

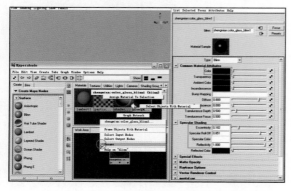

图4-13　材质的重新命名和设置

④ 在材质球的设置面板中，单击"Incandescence"右边的按钮，在弹出的新对话框中选择一个"Ramp"（渐变）节点，如图4-14所示。

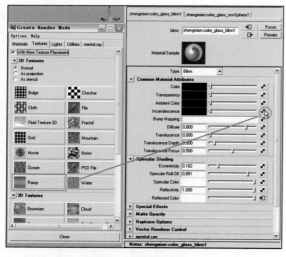

图4-14　创建"Ramp"（渐变）节点

⑤ 在"Ramp设置"面板中对渐变参数进行设置，选择U向的渐变，同时设置"Interpolation"（渐变方式）为"Linear"，如图4-15所示。

⑥ 单击"Reflected Color"右边的按钮，在弹出的新对话框中选择一个"Env Sphere"（环境球）节点，如图4-16所示。

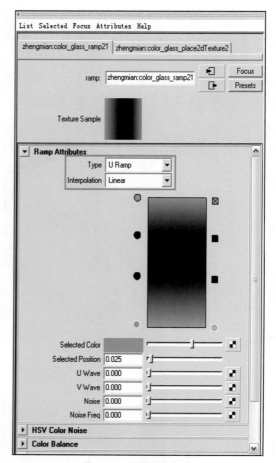

图4-15　设置渐变参数

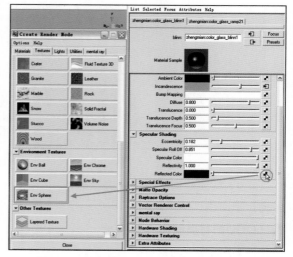

图4-16　创建"Env Sphere"（环境球）节点

⑦ 在"Env Sphere设置"面板继续单击"Image"右边的按钮，为它添加一个"Ramp"（渐变）节点，如图4-17所示。

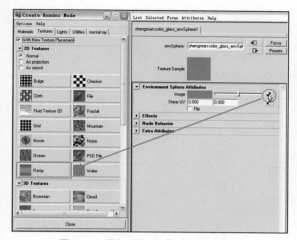

图4-17　添加"Ramp"（渐变）节点

⑧ 设置渐变参数。选择"Diagonal"的渐变，同时设置"Interpolation"（渐变方式）为"Linear"，具体参数设置如图4-18所示。

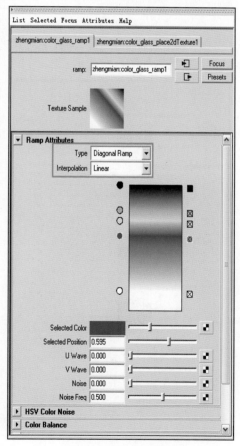

图4-18　设置渐变参数

⑨ 下面是完成的正面材质的节点网络，如图4-19所示。

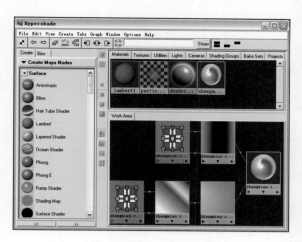

图4-19　正面材质节点网络

提示

　　材质的结构图可以清晰地展现出材质的节点网络，可以直接单击任何一个节点进入其"修改"面板进行单独的设置，用这种方法编辑修改材质可以极大地提高制作效率。

（2）制作侧面材质。

① 在左边的材质球创建栏中单击"Phong"创建一个新的材质球，并命名为"cemian"，如图4-20所示。

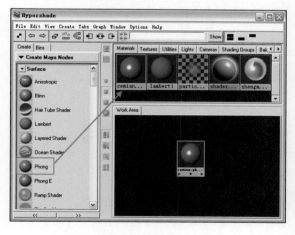

图4-20　创建"Phong"材质球

② 在右边的"材质设置"面板中对"Phong"材质进行基本的设置，如图4-21所示。

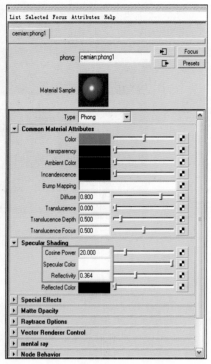

图4-21 "Phong"材质的基本设置

③ 单击"Phong"材质"Color"后面的按钮，为它添加一个"Ramp"（渐变）节点，然后设置渐变参数，选择U向的渐变，同时设置"Interpolation"（渐变方式）为Smooth，如图4-22所示。

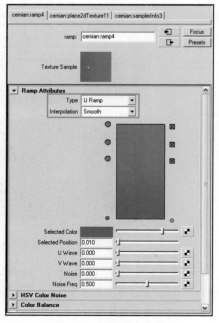

图4-22 设置渐变参数

④ 单击"Phong"材质的"Reflected Color"后面的按钮，在弹出的新对话框中，展开环境贴图卷展栏，添加一个"Env Chrome"节点，如图4-23所示。

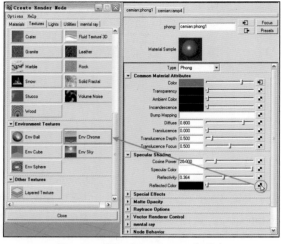

图4-23 添加"Env Chrome"节点

⑤ 在"Env Chrome设置"面板中对其进行详细的参数设置，如图4-24所示。

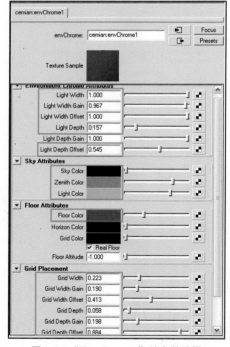

图4-24 "Env Chrome"的参数设置

⑥ 打开"材质编辑器"，在对话框左边展开"General Utilities"，然后选择创建一个"Sampler Info"节点，如图4-25所示。

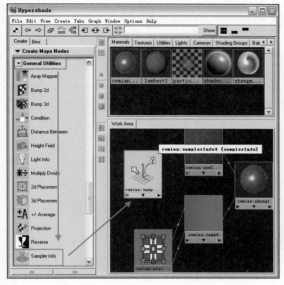

图4-25 创建"Sampler Info"节点

⑦ 选择"Window/General Editors/Connection Editor"菜单命令，打开"关联编辑器"，在"材质编辑器"中选择新建的"Sampler Info"节点，然后在"Connection Editor"编辑器中单击"Reload Left"按钮，将其载入。同样的道理，选择创建好的渐变节点，将其载入到右边的一栏。在左边选择"Sampler Info"的"Facing Ratio"，然后在右边展开"Ramp"的"UV Coord"，选择"V Coord"，具体设置如图4-26所示。

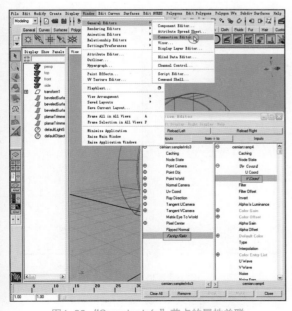

图4-26 "Sampler Info"节点的属性关联

⑧ 下面是完成后的侧面材质的节点网络，如图4-27所示。

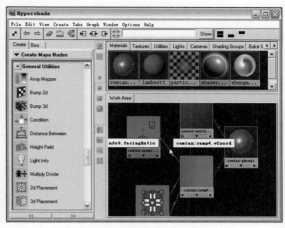

图4-27 侧面材质节点网络

（3）制作倒角面材质。

① 在左边的材质球创建栏中单击，创建一个新的"Blinn"材质球，并取名为"daojiaomian"，然后设置基本参数，如图4-28所示。

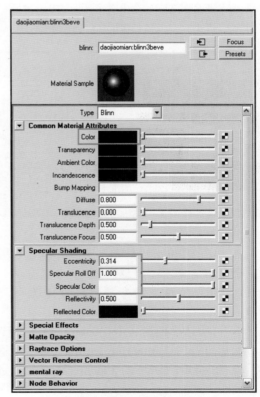

图4-28 "Blinn"材质基本设置

② 在"材质编辑器"的左边单击"Ramp",创建一个"Ramp"节点,然后设置渐变参数,如图4-29所示。

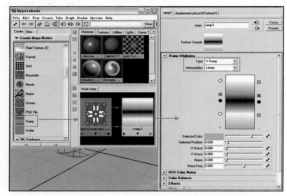

图4-29　创建"Ramp"(渐变)节点

③ 再次回到"材质编辑器"中,选择"Ramp"节点,按住鼠标中键拖曳至倒角的"Blinn"材质球上,在弹出的下拉菜单中选择"Other",打开"Connection Editor"关联编辑器,选择"Ramp"节点的"Out Alpha",然后在右边选择"Blinn"材质球的"Reflectivity",这样就将渐变的Alpha输出关联到了Blinn材质的反射率通道上,如图4-30所示。

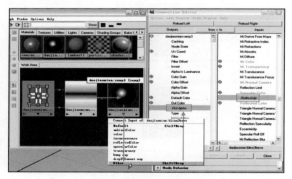

图4-30　关联材质属性

④ 单击"Blinn"材质的"Reflected Color"后面的按钮,在弹出的对话框中再次添加一个"Ramp"节点,渐变参数设置如图4-31所示。

⑤ 再次选择创建一个"Sampler Info"节点,然后打开"Connection Editor"关联编辑器,将"Sampler Info"的"Facing Ratio"分别连接到两个"Ramp"的"UV Coord"下的"V Coord",如图4-32所示。

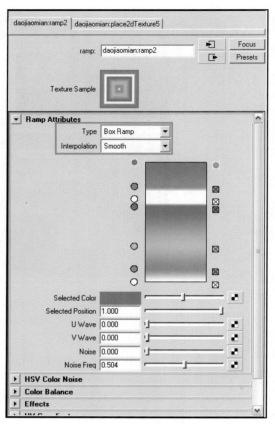

图4-31　渐变参数设置

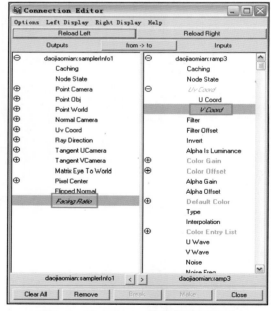

图4-32　"Sampler Info"节点的属性关联

⑥ 下面是完成后的倒角面材质的节点网络,如图4-33所示。

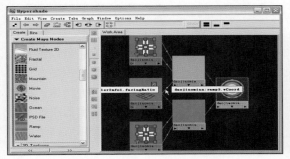

图4-33　倒角面材质节点网络

⑦ 完成全部材质的制作后，分别选择正面、侧面和倒角面，分别赋予对应的材质。指定材质的方法为，选择材质球，然后单击鼠标右键，在弹出的菜单中选择"Assign Material To Selection"就可以了，如图4-34所示。

图4-34　为LOGO赋予材质

3. 创建并布置场景中的灯光

（1）选择"Create/Lights/Spot Light"（聚光灯）菜单命令，创建一盏"Spot Light"灯光，如图4-35所示。

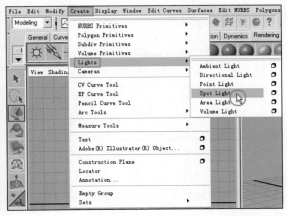

图4-35　选择"Spot Light"（聚光灯）命令

（2）调整它在场景中的位置和角度，让聚光灯以比较大的角度对LOGO进行照射，具体参数设置如图4-36所示。

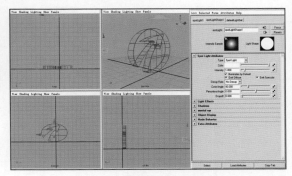

图4-36　调整聚光灯的位置和角度

> 📖 提示
>
> 在灯光的调整上，可以先选择灯光，然后按T键，这样可以调整灯光的发光点、目标点和照射的范围。

（3）选择"Create/Lights/Point Light"（点光源）菜单命令，创建一盏"Point Light"灯光，然后调整它在场景中的位置，让点光源对LOGO的侧面进行照射，参数设置如图4-37所示。

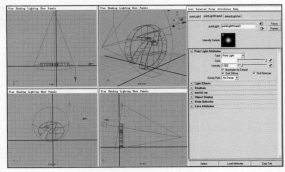

图4-37　调整点光源的位置

> 📖 提示
>
> 使用点光源对场景中的物体进行辅光的照射是很有必要的，它可以弥补主光照射的不足。

（4）选择创建好的点光源，按下Ctrl+D组合键将其复制，创建出一个新的点光源，再调整它在场景中的位置，对LOGO的另一边的侧面进行照射，如图4-38所示。

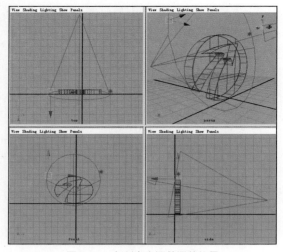

图4-38　复制点光源并调整位置

（5）使用"Create/Lights/Point Light"（点光源）命令，创建一盏点光源，再调整它在场景中的位置，对LOGO的内侧进行照射，使其照亮LOGO的内侧面，如图4-39所示。

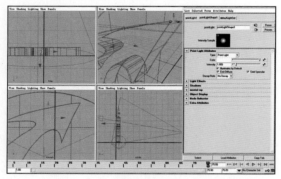

图4-39　创建点光源照射LOGO内侧

（6）使用"Create/Lights/Spot Light"（聚光灯）命令，创建一盏聚光灯，调整它在场景中的位置，对LOGO的一侧进行小范围的照射，如图4-40所示。

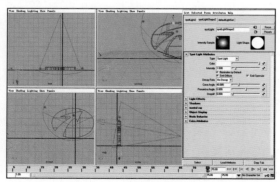

图4-40　创建聚光灯进行小范围照射

4．LOGO的细分设置

Maya的NUBRS建模相对于其他三维软件有着无法比拟的优点，关键在于它可以进行面的无限制细分。这样就保证了在制作场景动画的过程中，摄像机可以无限地推近物体，模型也会显得十分精细，而不必担心类似于网格模型中，组成曲线的细小直线放大后所产生的不圆滑。

下面就来为当前场景中的LOGO进行细分的设置。

（1）选择LOGO的正面，在其"属性编辑器"中，展开"Tessellation"属性，勾选"Enable Advanced Tessellation"（高级细分），然后展开"Primary Tessellation Attributes"属性，将U向的值设置为"20"，V向的值设置为"50"，如图4-41所示。

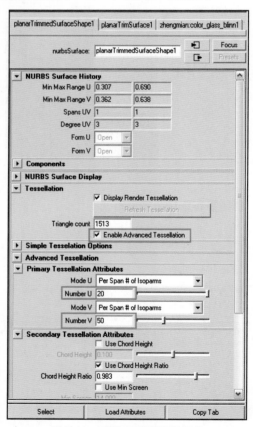

图4-41　设置LOGO正面的细分

正面设置细分后的效果，如图4-42所示。

而LOGO的另外一个正面的细分设置与上面是相同的。

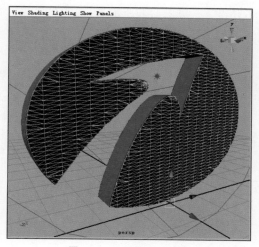

图4-42 正面细分的情况

如图4-44所示是侧面设置细分后的效果。

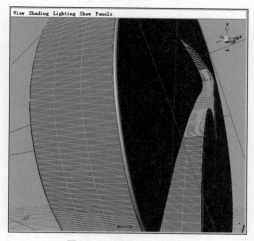

图4-44 侧面细分的效果

　　（2）继续选择LOGO的侧面，按照同样的方法为其设置细分，将U向的值设置为"3"，V向的值设置为"15"，如图4-43所示。

　　（3）选择LOGO的倒角面，按照同样的方法为其设置细分，仍然将U向的值设置为3，V向的值设置为"15"，如图4-45所示。

图4-43 设置LOGO侧面的细分

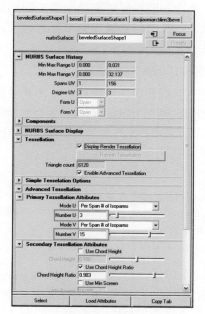

图4-45 设置LOGO倒角面的细分

下面是倒角面设置细分后的情况，如图4-46所示。

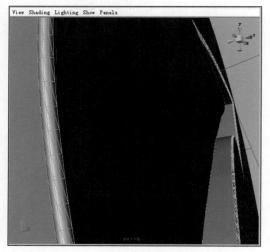

图4-46　倒角面细分的情况

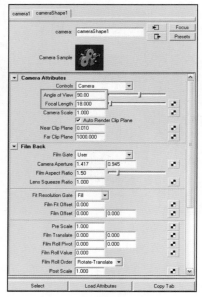

开的角度），如图4-47所示。

图4-47　摄像机的参数设置

 提示

在上面倒角面的细分设置中，由于LOGO的边框走向曲线分布比较密集，所以将V向（横向）的值设置为"15"。相对于U向（纵向）的值要大一些。

4.1.3　设置多个镜头的LOGO动画

本小节主要讲解了本片中多个场景镜头的动画设置，其中广角镜头的表现力和镜头感觉的把握是本节学习和体会的重点。

1.　"镜头1"的LOGO动画

首先为场景添加摄像机。考虑到需要表现出场景画面宏大的气势，这里需要调整摄像机的焦距，设置越小的焦距则场景表现得越宽广。

 提示

调小摄像机的焦距，实际上就是使用摄像机镜头的广角镜头，在拍摄表现广阔场景的时候，往往会用到。

（1）单击"Create/Cameras/Camera"命令，创建Camera摄像机，设置它的"Focal Length"（焦距）和"Angle of View"（镜头张

 提示

"Angle of View"、"Focal Length"、"Camera Aperture"和"Film Aspect Ratio"这4个值是互动的，所以一般只需要设置其中一个参数的值即可，通常是设置角度或者是焦距。

（2）设置当前帧为第一帧，调整摄像机在场景中的位置和角度，再按下Ctrl+A组合键切换到"通道栏"，选择位移和旋转的各个轴向参数，按下快捷键S设置第一个摄像机关键帧，然后在透视图中选择"Panels/Perspective/Camera 1"菜单命令，将视图转换到摄像机视图，观察目前的镜头画面，如图4-48所示。

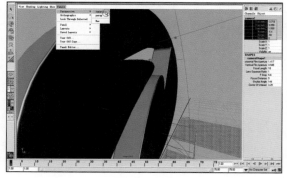

图4-48　设置第一个摄像机关键帧

（3）设置当前帧为第75帧，调整摄像机镜头，将其适当拉远一些，为摄像机设置第二个关键帧，如图4-49所示。

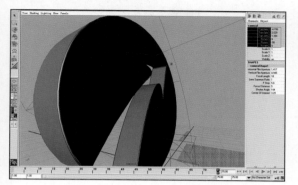

图4-49 设置第二个摄像机关键帧

（4）选择"File/Project/Set"菜单命令，在弹出的对话框中选择渲染图片的输出路径，如图4-50所示。

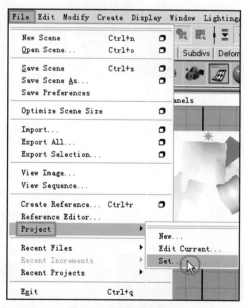

图4-50 设置输出路径

（5）选择"Window/Rendering Editors/Render Settings"菜单命令，打开"渲染设置"对话框，如图4-51所示。

（6）在"渲染设置"对话框中，设置输出的文件格式为"Targa（tga）"，文件名类型为"name_#.ext"，起始帧为第一帧，结束帧为第75帧。分辨率大小设置为"720×576"，这里是选择了预置里的"CCIR PAL /Quantel

PAL"模式，选择了此预置后，图像的像素比和纵横比例会自动进行设置，具体参数设置如图4-52所示。

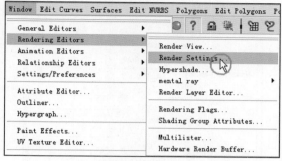

图4-51 选择"Render Settings"命令

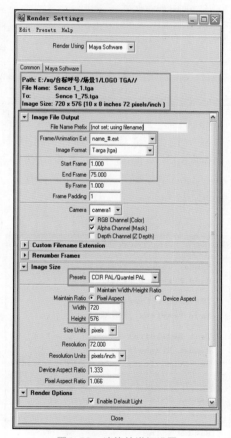

图4-52 渲染的详细设置

（7）下面还需要将渲染质量设置为最高，单击渲染设置面板中的"Maya Software"切换面板显示，然后在"Quality"右边的下拉菜单中选择"Production Quality"，此时的"Edge Anti-aliasing"（抗锯齿）质量会自动转变为"Highest Quality"，具体设置如图4-53所示。

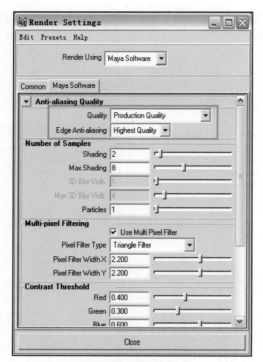

图4-53　设置渲染质量

（8）按下键盘上的 F 5 键切换到"Rendering"（渲染）模式下，然后选择"Render/Batch Render"就可以进行渲染了，如图4-54所示。

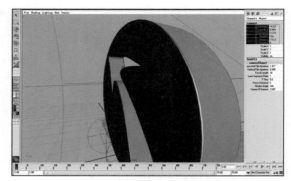

图4-55　设置第一个摄像机关键帧

（2）设置当前帧为第75帧，调整摄像机下拉镜头仰拍LOGO，为摄像机设置第二个关键帧，如图4-56所示。

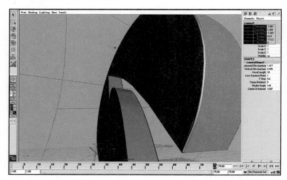

图4-56　设置第二个摄像机关键帧

设置完成后，渲染输出该场景的LOGO动画序列。

3. "镜头3"的LOGO动画

（1）按照前面场景的动画设置方法，在第1帧的时候，改变摄像机的位置和角度，为摄像机创建第一个关键帧，如图4-57所示。

图4-54　选择"Batch Render"进行最终渲染

2. "镜头2"的LOGO动画

（1）打开"场景1"，将其另存为"场景2"，然后在第1帧的时候，改变摄像机的位置和角度，为摄像机创建第一个关键帧，如图4-55所示。

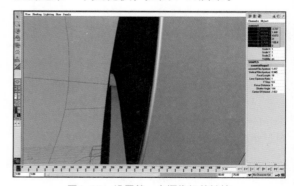

图4-57　设置第一个摄像机关键帧

（2）设置当前帧为第50帧，同样是调整摄像机下拉镜头仰拍LOGO，为摄像机设置第二个关键帧，如图4-58所示。

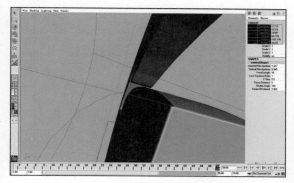

图4-58 设置第二个摄像机关键帧

设置完成后，渲染输出该场景的LOGO动画序列。

4. "镜头4"的LOGO动画

（1）继续按照前面场景的动画设置方法，在第1帧的时候，改变摄像机的位置和角度，为摄像机创建第一个关键帧，如图4-59所示。

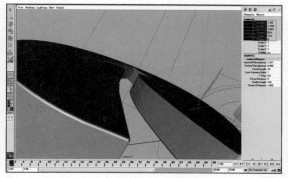

图4-59 设置第一个摄像机关键帧

（2）设置当前帧为第50帧，调整摄像机沿LOGO表面向前推进，为摄像机设置第二个关键帧，如图4-60所示。

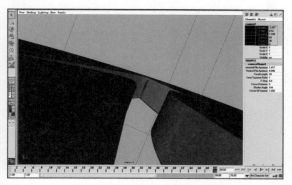

图4-60 设置第二个摄像机关键帧

设置完成后，渲染输出该场景的LOGO动画序列。

5. "镜头5"的LOGO动画

（1）继续前面场景的动画设置方法，在第1帧的时候，改变摄像机的位置和角度，为摄像机创建第一个关键帧，如图4-61所示。

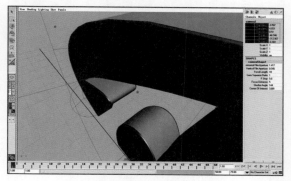

图4-61 设置第一个摄像机关键帧

（2）设置当前帧为第50帧，调整摄像机沿LOGO向下仰拍LOGO，为摄像机设置第二个关键帧，如图4-62所示。

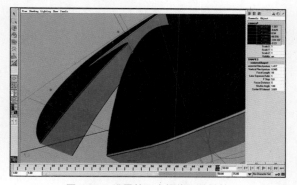

图4-62 设置第二个摄像机关键帧

（3）设置完成后，渲染输出该场景的LOGO动画序列。

4.1.4 设置落版的粒子汇聚LOGO动画

本小节主要讲解了如何利用粒子特效来实现汇聚的动画效果，重点在于粒子的替代和粒子的纹理发射。

1. 创建LOGO平面

在快速创建栏中选择"Curves"标签下的圆形线框创建图标，创建后缩放到合适大小，调整完毕后选择"Planar"（成面）命令，完成

LOGO平面，如图4-63所示。

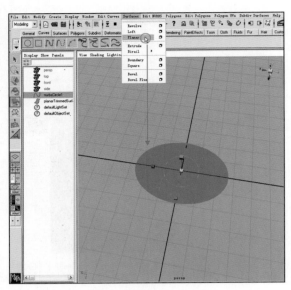

图4-63　创建LOGO平面

2. 设置粒子发射

（1）按下键盘上的F4键切换到"Dynamics"（动力学）模式下，选择创建好的平面，再选择"Particles/Edit from Object"（从物体发射）菜单命令，如图4-64所示。

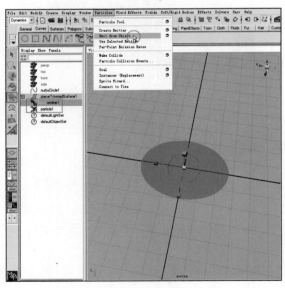

图4-64　选择从物体发射粒子命令

（2）修改"Emitter 1"（发射器）的发射粒子的数量以及发射的速度，如图4-65所示。

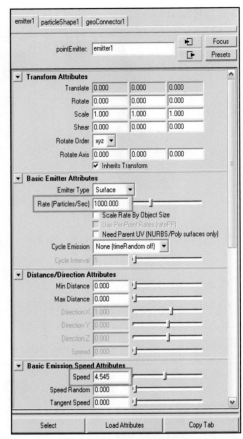

图4-65　发射器的参数设置

（3）完成上面的设置后，拖曳时间滑块，可以看到当前状态下的粒子发射情况，如图4-66所示。

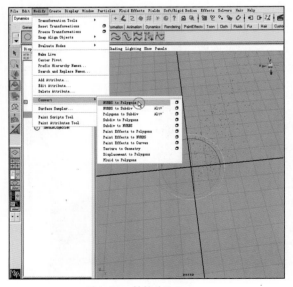

图4-66　转换为Polygons

3. 制作粒子的替代

（1）下面来学习粒子的替代方法。首先选择"Create/Text"菜单命令右边的按钮，打开"Text Curves Options"（文字曲线选项）对话框，输入文字并进行相关设置，如图4-67所示。

图4-67　创建文字

（2）使用同样的方法再创建两个数字，然后利用缩放工具调整它们的厚度，如图4-68所示。

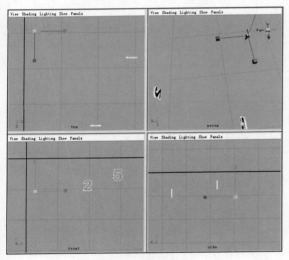

图4-68　调整文字

（3）选择3个创建好的数字，再选择"Particle 1"粒子，然后选择"Particles/Instancer（Replacement）"菜单命令，完成后拖曳时间滑块，可以看到粒子已经被数字所替代，如图4-69所示。

 提示

在进行粒子的替代操作的时候，注意一定要先选择替代物体，再选择粒子，然后执行"替代"命令即可。

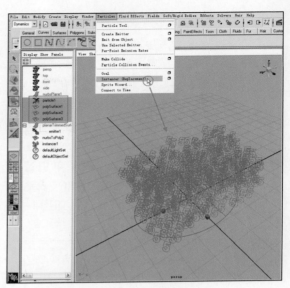

图4-69　替代粒子

观察目前的粒子替代情况，发现只替代了其中一个文字，而其他两个文字并没有出现在替代后的粒子中，下面就来解决这个问题。

（4）在大纲中选择"Instancer 1"，在右边的"属性设置"面板中选择"ParticleShape1"标签，展开它的"Add Dynamic Attributes"属性，然后单击"General"按钮，在弹出的对话框中设置新增属性的名字（rr），完成后单击"OK"按钮。这样就在"Per Particle（Array）Attributes"选项中新增加了一个"rr"属性，用它来控制粒子的替代数目，如图4-70所示。

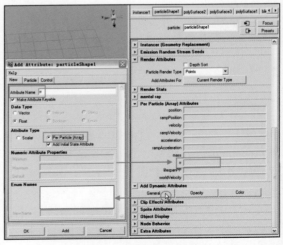

图4-70　新增粒子控制属性

上面新增的"rr"属性，其属性的名字是任意取的，当然也可以命名为更为合适的名字以便于确认。

（5）接下来要为这个新属性添加一段表达式来实现3个数字的随机发射效果。在"rr"后面的框中单击右键，在弹出的菜单中选择"Creation Expression"命令，打开"表达式编辑器"，然后添加一段表示式，如图4-71所示。

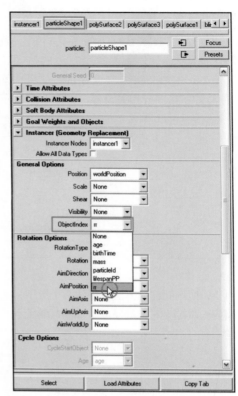

图4-72 为"ObjectIndex"选择属性"rr"

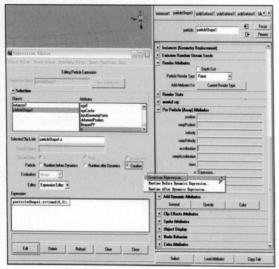

图4-71 添加表达式

💡 提示

rand表示随机的意思，表达式后面的（0，3）表示要替代的数目，这里需要替代3个数字，所以设置成3足够了，当然设置得大一些也没问题。

（6）写完表达式后再展开"Particle Shape1"标签下的"Instancer（Geometry Replacement）"属性，在"ObjectIndex"下选择刚才的新增置换属性"rr"，如图4-72所示。

（7）设置完毕后再次拖曳时间滑块，可以看到3个数字都随机出现在了发射中的粒子，完全将粒子替代了，如图4-73所示。

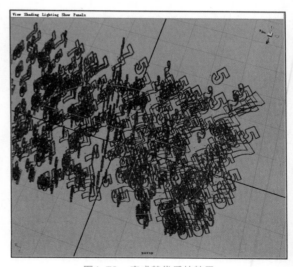

图4-73 完成替代后的粒子

💡 提示

如果完成粒子替代后还想加入替代物体，则选择要加入的物体，然后单击"Instancer"标签，在它的属性设置中再单击"Add Selection"按钮即可，如图4-74所示。

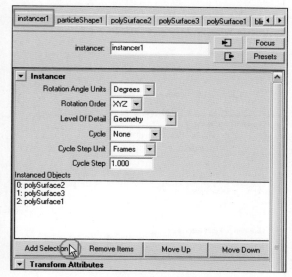

图4-74 增加替代物体

从目前场景中的粒子发射情况来看，还缺少点变化。大小过于统一，每个粒子的角度没有什么变化，下面就来解决这两个问题。

（8）同样还是用表达式的方法来完成。在"Instancer1"被选中的情况下，新增一个名为"daxiao"的属性，为其输入表达式，如图4-75所示。

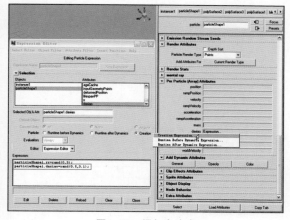

图4-75 添加表达式

 提示

表达式中的rand（0.5,0.1）意思是指大小值在0.5到0.1之间随机取值，也就是让粒子大小在这之间随机取值。

（9）接着再展开"ParticleShape1"标签

下的"Instancer（Geometry Replacement）"属性，在"Scale"属性下选择刚才已经添加了表达式的"daxiao"，如图4-76所示。

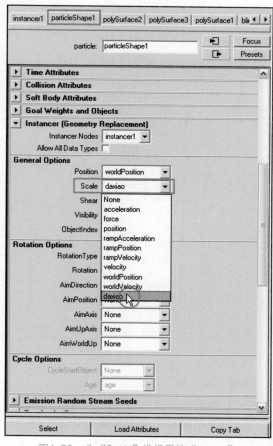

图4-76 为"Scale"选择属性"daxiao"

（10）再新增加一个控制旋转的属性，命名为"xuanzhuan"，然后为其添加一段表达式，参数设置如图4-77所示。

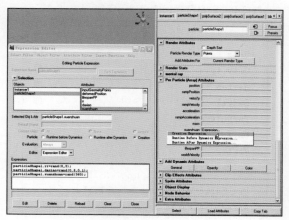

图4-77 新增属性并添加表达式

（2）对两个力场的参数分别进行设置，参考设置如图4-80和图4-81所示。

> **提示**
>
> 表达式中rand括号内的数值为粒子随机的角度值。

（11）完成上面全部的替代设置工作后，再次拖曳时间滑块，观察粒子的发射状态，可以看到前面的问题都已经解决了，如图4-78所示。

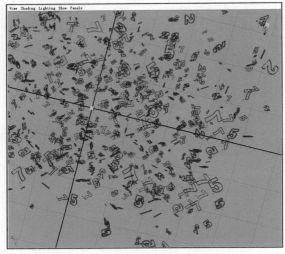

图4-78 完成替代的最终粒子发射效果

4. 添加"动力场"

从目前的粒子发射情况来看，过于规则了些，下面将添加两个动力场来对粒子产生一些影响，让它们有所变化。

（1）在"Dynamic"模块下，分别选择"Fields/Turbulence"（扰乱）和"Fields/Vortex"（旋涡）两个菜单命令，如图4-79所示。

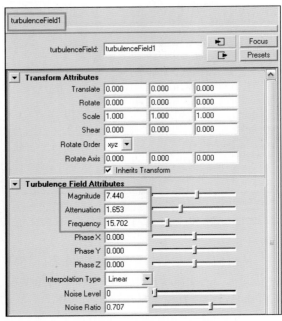

图4-80 "扰乱场"的参数设置

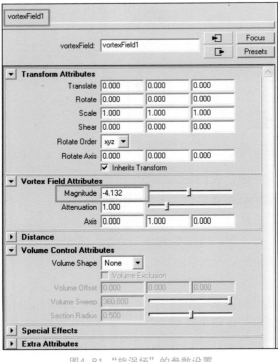

图4-81 "旋涡场"的参数设置

```
Fields  Soft/Rigid Bodies  Effects  Solvers

    Air                          □
    Drag                         □
    Gravity                      □
    Newton                       □
    Radial                       □
    Turbulence                   □
    Uniform                      □
    Vortex                       □
    Volume Axis                  □

    Use Selected as Source of Field
    Affect Selected Object(s)
```

图4-79 创建"扰乱场"和"旋涡场"

5. LOGO材质的制作及其动画设置

（1）选择"Window/Rendering Editors/

Hypershade"菜单命令，打开"材质贴图"对话框，创建一个新的"Blinn"材质球，然后设置其参数，如图4-82所示。

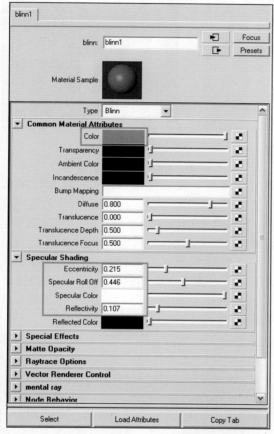

图4-82 设置"Blinn"材质的参数

（2）另外再创建一个类似的材质，只是改变其颜色为白色，这里不再详细介绍了。设置完毕后将红色材质赋予其中的两个数字，而将白色材质赋予另一个数字。

（3）再次创建一个新的"Blinn"材质球，然后设置其参数，如图4-83所示。

（4）选择刚创建好的材质球，在其"材质属性编辑"面板中单击"Color"属性后面的按钮，在弹出的对话框中为"Color"创建一个"File"（文件）节点，然后选择需要贴图的外部文件，本例中是选择了LOGO贴图，如图4-84所示。

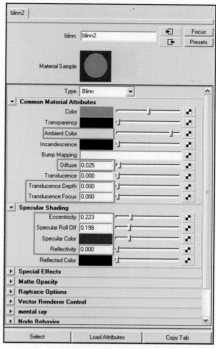

图4-83 创建第二个"Blinn"材质

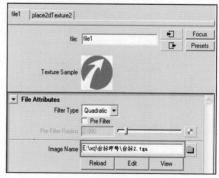

图4-84 添加"File"（文件）节点贴图

（5）继续单击第二个"Blinn"材质的"Transparency"（透明度）右边的按钮，为它添加一个"Ramp"渐变节点，下面要为这个新添加的"Ramp"节点设置材质的动画，至于为何要这样设置，将在后面的内容中讲到。在第一帧的位置设置"Ramp"的颜色控制点，设置好白色的颜色控制点后，用鼠标右键单击"Selected Position"选框，在弹出的菜单中选择"Set Key"，创建第一个关键帧，创建关键帧后的"Selected Position"选框已经变成了黄色，如图4-85所示。

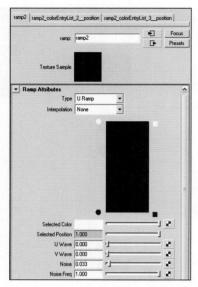

图4-85　设置"Ramp"第一个关键帧

（6）将时间滑块拖曳到第150帧的位置，将"Ramp"节点中的白色控制点拖曳到最下方，接近黑色的控制点，但注意不要与其重合，这时为白色控制点创建第二个关键帧，如图4-86所示。

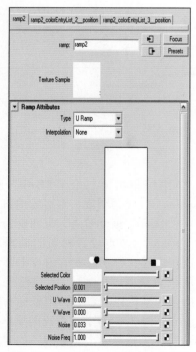

图4-86　设置"Ramp"第二个关键帧

（7）设置完毕后的材质球节点网络如图4-87所示。

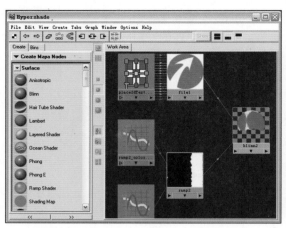

图4-87　第二个"Blinn"材质的节点网络

（8）将第二个"Blinn"材质赋予给场景中的平面，完成LOGO的贴图设置，再选择"Instancer"，按下Ctrl+H组合键先将其隐藏，然后拖曳时间滑块一段距离，对透视图进行渲染。

从渲染结果可以看到，LOGO平面受到"Ramp"（渐变）贴图的影响，在渐变的黑色部分显示LOGO贴图，而白色的部分则表示不显示贴图，如图4-88所示。

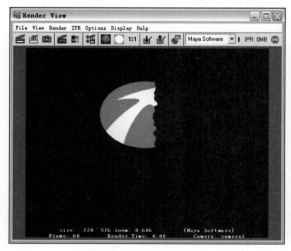

图4-88　渐变贴图的效果

这样，LOGO平面就完成了从右向左的全部显示到全部消失的材质贴图动画，为配合后面的粒子汇聚效果做好了准备。

6. 设置粒子按纹理发射

要想实现粒子汇聚成LOGO的动画，需要使粒子跟着LOGO的右侧边缘进行发射，这样一来，粒子的发射就需要设置一个控制的范围，也就是说，要让粒子在LOGO边缘附近的一个范围内进行发射。

要想解决这个问题，可以将粒子设置为按纹理发射，然后添加一个与前面类似的动态渐变贴图即可实现这个效果。

下面就来看看如何实现粒子的纹理发射。

（1）在大纲中选择"Emitter 1"，然后在其"属性设置"面板中展开"Texture Emission Attributes"属性，勾选"Enable Texture Rate"选项，如图4-89所示。

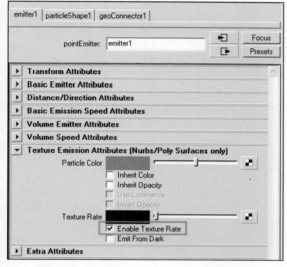

图4-89 勾选"Enable Texture Rate"选项

（2）单击"Texture Rate"右边的按钮，为它添加一个"Ramp"（渐变）节点。在第一帧的位置，设置Ramp的颜色控制点，这里设置了一段白色的区域作为粒子发射的实际范围，然后分别选择颜色控制点，鼠标右键单击"Selected Position"选框，在弹出的菜单中选择"Set Key"，为颜色控制点创建第一个关键帧，如图4-90所示。

 提示

Ramp中的"Noise"和"Noise Freq"参数的值设置不用太大，但是很有用。它们的设置将使粒子在发射的时候不会太规则。

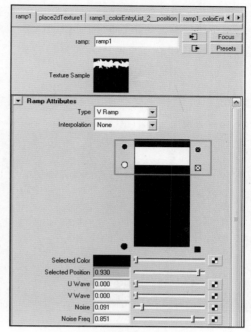

图4-90 设置"Ramp"第一组关键帧

（3）将时间滑块拖曳到第150帧的位置，拖曳上方的黑色和白色控制点，使Ramp中的白色区域移动到下方，接近下方的黑色控制点，但注意不要与其重合，这时为上方的黑色和白色两个控制点分别创建第二个关键帧，如图4-91所示。

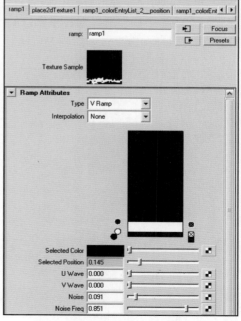

图4-91 设置"Ramp"第二组关键帧

设置完毕后拖曳时间滑块一段距离，然后对透视图进行渲染，可以看到，粒子已经实现了跟随LOGO边缘在一个范围内的发射效果，渲染效果如图4-92所示。

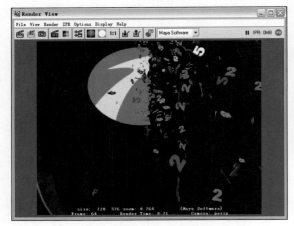

图4-92　粒子按纹理发射的渲染效果

7. 添加灯光

从前面的渲染效果来看，物体过于黯淡，缺少照明效果，下面为场景中布置灯光来改善效果。

选择"Create/Lights/Point Light"（点光源）菜单命令，创建一盏"Point Light"灯光，然后将其复制出两盏同样的灯光，最后再调整3盏泛光灯在场景中的位置，对粒子和LOGO平面进行照射，具体参数设置如图4-93所示。

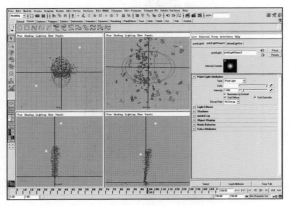

图4-93　添加灯光

对透视图进行渲染，会发现场景物体被照亮后效果好了很多，如图4-94所示。

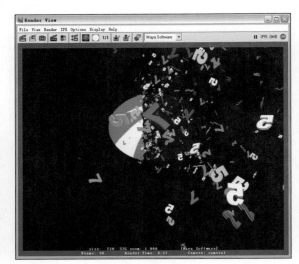

图4-94　添加灯光后的渲染效果

8. 添加摄像机并设置动画

（1）选择"Create/Cameras/Camera"命令创建"Camera"（摄像机），然后设置它的"Focal Length"（焦距）和"Angle of View"（镜头张开的角度），如图4-95所示。

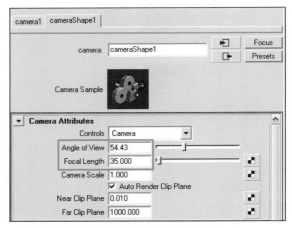

图4-95　创建摄像机并设置参数

（2）设置当前帧为第一帧，调整摄像机在场景中的位置和角度，然后按下Ctrl+A 组合键切换到"通道栏"，选择位移、大小和旋转的各个轴向参数，按下快捷键S设置第一个摄像机关键帧，如图4-96所示。

（3）设置当前帧为第150帧，将摄像机镜头推近LOGO，再为摄像机设置第二个关键帧，如图4-97所示。

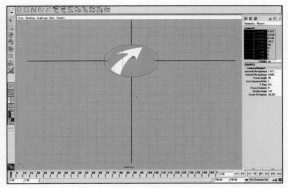

图4-96 设置第一个摄像机关键帧

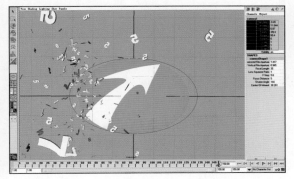

图4-97 设置第二个摄像机关键帧

（4）完成全部设置后，渲染输出这段粒子汇聚LOGO的动画序列。

4.1.5 制作路径粒子流动画

本小节主要详细讲解了路径粒子流的创建和动画制作过程，其中再次涉及到了粒子的替代。

1. 创建路径

选择"Create/EP Curve Tool"菜单命令，创建曲线路径，如图4-98所示。

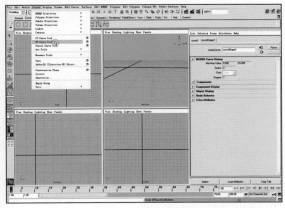

图4-98 创建曲线路径

2. 创建粒子流

（1）按下键盘上的F4键切换到"Dynamics"（动力学）模式下。选择"Effects/Create Curve Flow"菜单命令，在视图中可以看到已经沿曲线的路径创建了许多圆环控制器，如图4-99所示。

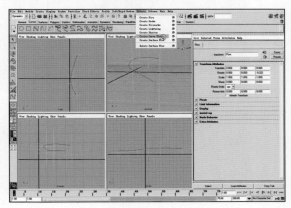

图4-99 创建"Curve Flow"

提示

粒子流中的圆形控制器是用于控制粒子发射后的范围，可以对每个圆形控制器单独调整来控制粒子通过的范围，用这种方法在调节某些粒子的动画时十分方便。

（2）在大纲视图中选择"Flow"下的"Flow_Particle Shape"，然后在其"属性设置"面板中进行参数的设置，将"Max Count"（最大粒子数）设置为"1000"，同时设置"Lifespan Mode"（粒子生命方式）为"Random range"（随机）的方式，如图4-100所示。

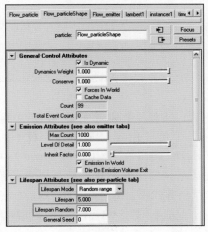

图4-100 "Flow_Particle Shape"的参数设置

（3）拖曳时间滑块，可以观察到粒子流已经沿着开始创建的曲线路径发射了，如图4-101所示。

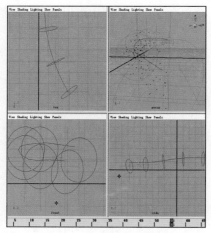

图4-101　当前的粒子发射状态

3. 粒子的替代

（1）按照上一节中的粒子替代方法，进行粒子流的替代制作。首先创建4个数字物体，如图4-102所示。

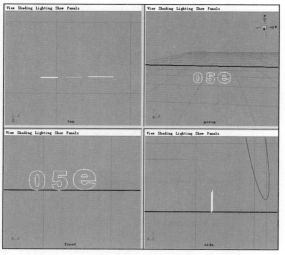

图4-102　创建数字

（2）选择4个创建好的数字，再选择"Flow"下的"Flow_Particle"粒子，选择"Particles/Instancer"（Replacement）菜单命令。完成后拖曳时间滑块，就可以看到粒子已经被数字所替代了，如图4-103所示。

为了完成4个数字的替代，下面同样通过表达式来解决，并同时用表达式控制粒子的随机

大小和旋转角度。

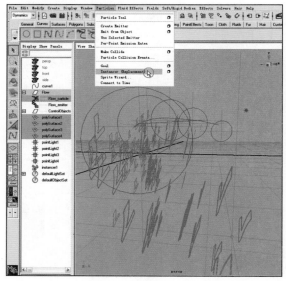

图4-103　替代粒子

（3）在大纲中选择"Instancer 1"，在右边的"属性设置"面板中选择"Flow_ParticleShape"标签，展开它的"Add Dynamic Attributes"属性，然后单击"General"按钮，新增3个粒子的控制属性，分别为"tihuan"（粒子替代），"daxiao"（粒子大小），"xuanzhuan"（粒子旋转角度），最后为它们各自添加表达式，如图4-104所示。

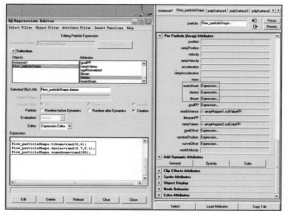

图4-104　添加表达式

（4）写完表达式后再展开"Flow_ParticleShape"标签下的"Instancer（Geometry Replacement）"属性，将刚才新增的3个属性匹配到相对应的选项中，这里所用的方法与上一节中所讲到的替代设置是一样的，如图4-105所示。

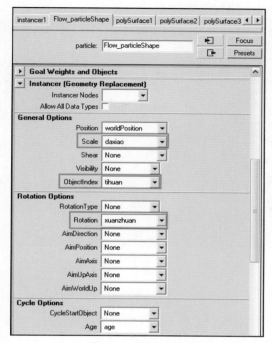

图4-105 匹配属性

（5）再次拖曳时间滑块，可以观察到粒子的替代以及随机大小和旋转的效果，如图4-106所示。

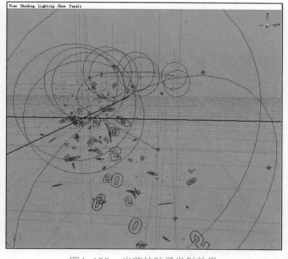

图4-106 当前的粒子发射效果

4. 添加材质和灯光

（1）这里的材质主要是4个替代物体的材质制作，而这与上一小节的数字材质设置是一样的，这里就不再赘述了，参考上一小节即可。最后将完成的红色和白色材质分别赋予4个数字替代物体，如图4-107所示。

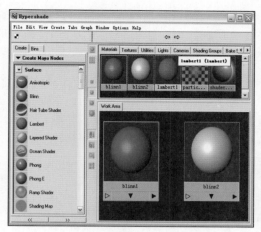

图4-107 数字替代物体的材质

（2）为场景添加灯光，照亮粒子。选择"Create/Lights/Point Light"（点光源）菜单命令，创建一盏"Point Light"灯光，再复制出3盏同样的灯光，然后调整这4盏泛光灯在场景中的位置，对粒子进行照射，设置如图4-108所示。

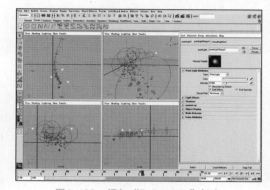

图4-108 添加"Point Light"灯光

对透视图进行渲染，观察场景中的粒子被照亮后的效果，如图4-109所示。

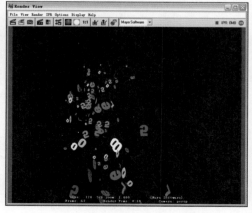

图4-109 添加材质灯光后的渲染效果

完成全部设置后，渲染输出这段路径粒子流的动画序列，输出时间范围为第1帧到第75帧。

5. 设置多个镜头的粒子流动画

为了配合前面的LOGO动画，下面还需要设置多个相匹配的粒子流动画。如图4-110~图4-112所示是几个不同镜头的粒子流动画。

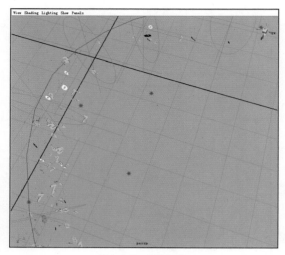

图4-112 "镜头3"

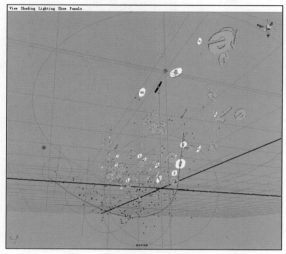

图4-110 "镜头1"

4.1.6 在After Effects中合成镜头

本小节讲解了本片的后期合成过程，重点在于画面的构图、镜头间的转换和节奏，以及如何调整一段素材的速度，此外，一些辅助元素的搭配对于整个画面的协调作用也是掌握的要点。

1. "场景1"的合成

（1）首先启动After Effects CS3，新建一个合成，命名为"场景1"，选择"Preset"为"PAL D1/DV"的"720×576"的分辨率模式，"Pixel Aspect Ratio"（像素比）为"1.07"，"Frame Rate"（帧速率）为"每秒25帧"，"Duration"（持续时间长度）为"3秒"，设置如图4-113所示。

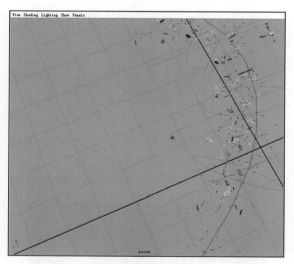

图4-111 "镜头2"

 提示

在设置不同镜头的粒子流动画中，只需要改变透视图的镜头表现，设置一个合适的粒子流发射镜头，然后渲染输出各自的序列即可。

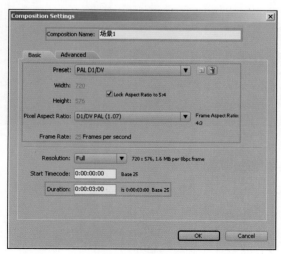

图4-113 新建合成

（2）为"场景1"创建一个背景。在新建的合成中新增一个Solid层，为它添加一个"Effect/Generate/Ramp"渐变特效，将"Ramp Shape"设置为"Radial Ramp"的形式，再调整渐变的颜色和位置，如图4-114所示。

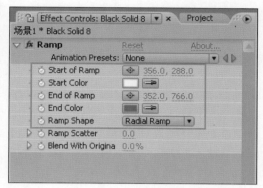

图4-114　添加渐变特效

（3）将渐变层复制一层，修改上面一层的层叠加方式为"Overlay"，就完成了渐变背景的制作，设置和画面效果如图4-115所示。

图4-115　层叠加后的背景效果

（4）将"场景1"的LOGO和粒子流序列导入进来，将导入的序列拖曳合成"场景1"中，复制粒子流序列层，同时修改上面一层的叠加方式为"Multiply"，如图4-116所示。

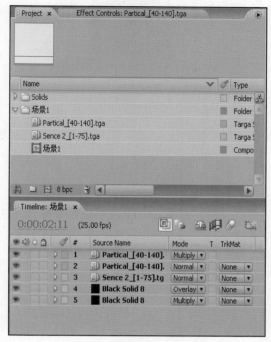

图4-116　导入序列并载入为图层

提示

在导入场景序列的时候，重新对场景的镜头组合进行了考虑，因此开始在Maya中渲染的各个场景的镜头进行了场景组合的重新调整。从上面可以看出，在After Effects中合成的"场景1"导入了"镜头2"的序列素材。

（5）改变LOGO的运动速率，调整后的曲线如图4-117所示。

图4-117　调整LOGO的运动速率

（6）目前画面的背景太空了，下面再从"项目"面板中导入背景圆点图片，用它来制作一段圆点群运动的装饰动画。关于圆点群运动的动画也就是简单的旋转和透明度动画而已，就是将其多复制了几层，如图4-118所示。

图4-118 圆点群的动画设置

（7）最后将制作好的圆点合成动画加入到"场景1"合成中，调整它在画面中的位置，另外再添加一段圆点随机运动的装饰素材到场景画面中，并设置一段简单的位移和透明度动画，如图4-119所示。

图4-119 调整装饰元素

2. "场景2"～"场景5"的合成

（1）"场景2"到"场景5"的合成与"场景1"没什么区别，同样是先设置背景，再导入各自场景的序列，然后添加圆点群动画等装饰元素即可，并为粒子流设置简单的位移和旋转关键帧动画，如图4-120所示。

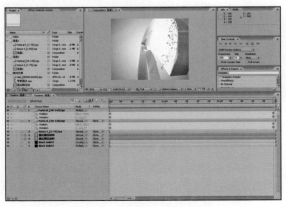

图4-120 "场景2"的合成情况

（2）在"场景3"的合成中，同样想让LOGO的镜头动画产生速率的变化，即由快到慢的变化，下面是在曲线编辑器中的调节效果，如图4-121所示。

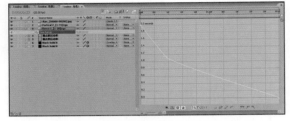

图4-121 调节LOGO动画速率

（3）为"场景3"添加装饰元素，并设置动画，如图4-122所示。

图4-122 "场景3"的合成情况

（4）下面是"场景4"的合成情况，如图4-123所示。

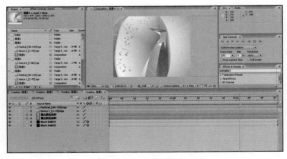

图4-123 "场景4"的合成情况

（5）"场景5"是为落版场景作铺垫的，所以导入了向纵深动画的粒子流序列，并且还调整了LOGO动画的速率，如图4-124所示。

（6）继续设置粒子流的位移和透明度动画，如图4-125所示。

图4-124 调节LOGO动画速率

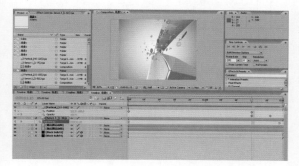

图4-125 "场景5"的合成情况

3. 落版场景的合成

（1）继续新建合成，命名为"场景1"，选择"Preset"为"PAL D1/DV"的"720×576"的分辨率模式，"Pixel Aspect Ratio"（像素比）为"1.07"，"Frame Rate"（帧速率）为"每秒25帧"，"Duration"持续时间长度为"6秒"，设置如图4-126所示。

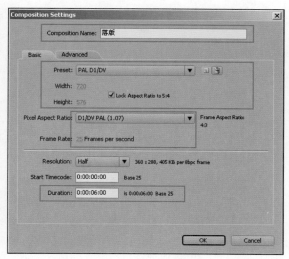

图4-126 新建合成

（2）将前面合成中的渐变背景复制到落版场景中，然后导入该场景的LOGO和粒子流序列，并加入到该合成中，如图4-127所示。

图4-127 设置背景和粒子序列

（3）由于在Maya中制作的是粒子发散的落版效果，而本例中需要的是粒子的汇聚，要解决这个问题只需要将粒子层反向并适当加快一点汇聚的速度即可。单击"Stretch"下的数值，在打开的对话框中设置"Stretch Factor"的值为"-56"，完成后可以看到粒子图层发生了变化，如图4-128所示。

图4-128 设置粒子动画反向效果

（4）导入一张频道台标的素材，用它作为背景的底纹，如图4-129所示。

（5）将其加入到落版场景合成中，为它添加"Effect/Color Correction/Brightness&Contrast"特效，设置参数将LOGO调白，然后为它添加"Effect/Generate/Ramp"渐变特效，将"Ramp Shape"设置为"Linear Ramp"的形式，并调整渐变的颜色和位置，如图4-130所示。

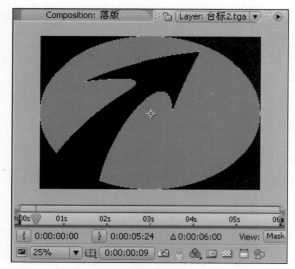

图4-129 导入LOGO图片

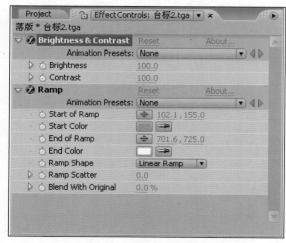

图4-130 调整LOGO的色调

（6）调整它在画面中的位置，然后为LOGO图片层设置一段由小到大的缓慢的Scale关键帧动画，如图4-131所示。

图4-131 设置背景LOGO动画

（7）下面将导入在3ds Max中制作好的落版LOGO，制作方法在前面的章节已经讲过，

这时就不再赘述。将LOGO加入到落版合成中，再为它添加"Effect/Color Correction/Hue/Saturation"特效，适当降低一点饱和度，如图4-132所示。

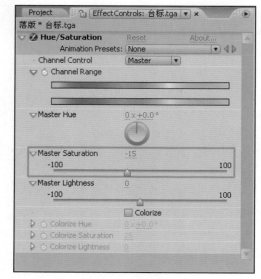

图4-132 降低饱和度

（8）为定版LOGO设置一段淡入的透明度动画，调整它的位置到粒子流动画快结束的时间段，然后为粒子流序列层设置淡出的透明度动画，如图4-133所示。

图4-133 调节定版LOGO

（9）为了加强粒子的汇聚效果，下面为它添加放射模糊特效。选择粒子序列层，为其添加"Effect/Blur &Sharpen/Radial Blur"特效，在"特效"面板中设置放射模糊参数，同时设置关键帧动画，在时间为1秒的位置设置放射模糊的"Amount"值为"15.0"；在时间0：00：02：17的位置，设置"Amount"的值为"0"，即不发生放射模糊。这样，粒子流就产生了一段由放射模糊到完全清晰的动画效果，如图4-134所示。

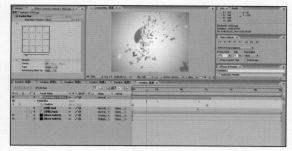

图4-134　设置粒子的放射模糊动画

（10）添加落版的主体文字，为其绘制Mask并设置从左向右的Mask划出动画，然后添加英文字作为辅助文字，并为其设置透明度的淡入动画，如图4-135所示。

图4-135　添加落版文字

（11）为了设置主体文字从下到上的黑白渐变效果，再新增一个Solid层，为它添加"Effect/Generate/Ramp"渐变特效，调整渐变的颜色和位置，然后将渐变层放置在主体文字层的下方，并修改蒙板方式为"Alpha Matte"，如图4-136所示。

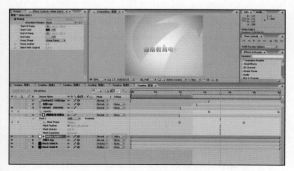

图4-136　设置渐变文字效果

（12）在LOGO定版的时候，添加一点星光来衬托一下，这也是为了起到装饰性的作用。新增一个Solid层，为它添加"Light Factory"特效，选择"Six Point Star 3"的预置效果，然后设置星光闪耀动画。动画总的原则是闪亮后再消失，同时设置自身的旋转动画，让星光闪亮的时候转动一下，如图4-137所示。

图4-137　设置星光动画

4. 最终的合成

（1）新建一个合成并命名为"总合成"，选择"Preset"为"PAL D1/DV"的"720×576"的分辨率模式，"Pixel Aspect Ratio"（像素比）为"1.07"，"Frame Rate"（帧速率）为"每秒25帧"，"Duration"（持续时间长度）为"15秒10帧"，如图4-138所示。

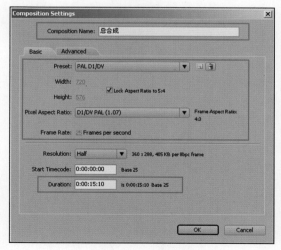

图4-138　新建合成

（2）将前面所有场景的合成都拖曳到新建的总合成中，选择"Animation/Keyframe Assistant/Sequence Layers"菜单命令，在系统弹出的对话框中进行设置，将图层进行自动的淡入淡出排列，具体设置及排列效果如图4-139所示。

图4-139　自动排列图层

（3）下面添加一些装饰的文字和元素，创建文字动画的方法仍然选择使用"Animation/ Apply Animation Preset"菜单命令，关于具体的制作方法在前面的章节中已经讲解过了，这里就不再赘述了。将装饰元素和文字的动画放置在总合成中合适的位置，如图4-140所示是"场景2"的时间段的画面效果。

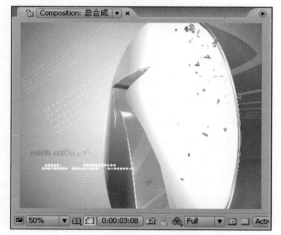

图4-140　"场景2"时间段的画面效果

如图4-141所示是在"场景3"中的文字动画效果。

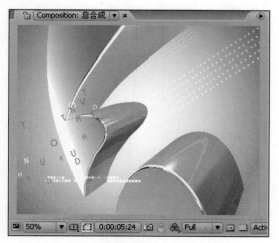

图4-141　"场景3"时间段的画面效果

如图4-142所示是在"场景4"中的文字动画效果。

图4-142　"场景4"时间段的画面效果

（4）继续添加装饰性的元素，同时在快落版的时间段添加闪光转场，如图4-143所示。

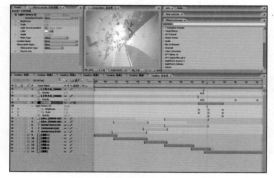

图4-143　添加装饰元素和闪光转场

5. 渲染输出

完成上面全部合成工作以后，就可以进行最终的渲染了。

（1）确保当前为总合成，按下Ctrl+M组合键打开"渲染"窗口，仍然是选择输出TGA序列图片的方式，参数设置如图4-144所示。

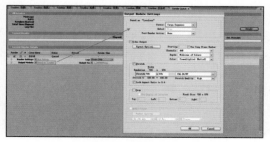

图4-144　渲染设置

（2）设置完毕后单击右边的"Render"按钮进行渲染，然后将渲染完的序列导入到编辑软件中进行音乐的合成，完成最终的成片。

4.1.7 本章小结

完成本例的制作后，可以得出本章的重点有三个：第一是主体LOGO的制作（包括圆形倒角、材质和灯光的创建以及细分的设置）；第二是粒子汇聚成LOGO的动画；第三是路径粒子流的创建和动画。

在上面3个重点之中，涉及到的技术都是影视包装制作中的重点和难点。比如，在制作粒子的汇聚效果时，需要应用按纹理贴图发射来控制粒子的发射范围。此外，粒子的替代成为另外一个需要掌握的重要知识点。在制作路径粒子流的过程中，也许读者朋友会发现这样的制作方式会比在3ds Max中要方便、快捷一些。其实软件就是这样，它仅仅是一个工具而已，而如何在制作的不同阶段去有效的利用和选择制作工具还需要大家去细细品味。

另外，在后期的合成方面，把握画面的构图关系以及元素的搭配，镜头和节奏的考究，需要去反复的调整直到满意为止。

4.2 课堂练习 ——频道台标演绎

本章课堂练习为一个数字电视频道的台标演绎，该频道内容是针对中小学教育方面。台标为一个圆形中的幼苗，在一段流体的动画之后将整个台标LOGO融合而出，寓意着一个蓬勃向上的新生事物，分镜头画面如图4-145所示。

本章课堂练习主要介绍流体的动画制作，Realflow在流体动画方面有着很好的表现力，在本例的学习中，将了解到Realflow的流体制作技术。另外，在本例的制作中，简洁的画面风格，简单的色调都是需要大家去认真体会的内容。

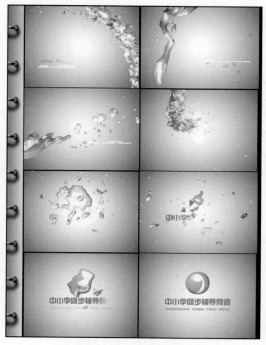

图4-145 案例最终效果

4.2.1 前期创意与制作思考

本小节主要是本例的前期创意和制作思路的分析，这部分工作对于整个制作流程来说是非常重要的。

1. 前期创意

作为一个服务于中小学教育方面的数字电视媒体，从台标来看是以圆形中的幼苗为主体。所以采取了流体的动画表现形式来最终融合成这个圆球体LOGO，而流体动画中所表现出来的新的生命力又赋予了幼苗成长的寓意。

在确定了流体的表现形式后，再确定背景为灰调渐变的方式。这样，流体采用与台标相同的黄色调在灰调渐变背景下会更加突出，画面的视觉中心一下就转移到流体上了。经过这样一分析，大致定下片子的风格为简洁、时尚的风格，色调为黄与灰色系。

整理了片子的整体风格后，再来考虑画面的构成，这里只需要再配上一些装饰元素来作为辅助就可以了。在音乐的选择上，考虑到是流体动画，而且有一种新生蓬勃向上的感觉，所以需要选择一段轻快的音乐。

2. 制作思考

确定片子的风格后，可以大致明白整个片子几个主要的制作点。

首先重点是在Realflow中制作流体的主体动画。在进行流体的制作之前，还需要在3ds Max中制作一些用于流体动画的辅助模型，而这些制作好的模型，如何导出3ds Max并导入到Realflow中是要解决的问题之一。

在Realflow中创建粒子发射器并设置好参数，以及进行流体的模拟运算和输出流体Mesh是要解决的问题之二。

在输出流体Mesh后，将其导入到3ds Max中，再进行镜头和材质的设置和调节是要解决的问题之三。

在3ds Max中将设置好的流体动画渲染输出，最后在After Effects中进行最终的合成工作。

在合成方面，主要是需要调节流体的色调以及各个场景装饰元素的添加和搭配。另外，在落版场景中，还需要制作LOGO的融合出现动画，并添加落版文字完成整个成片的制作。

4.2.2 练习知识要点

1. 在3ds Max中建立模型

本节主要讲解了如何在3ds Max中制作并输出模型，为流体动画做好准备工作。

（1）首先在3ds Max中建立一个模型能让液体在其内流下并通过撞击产生飞溅的效果，最后导出模型到RealFlow中，如图4-146所示。

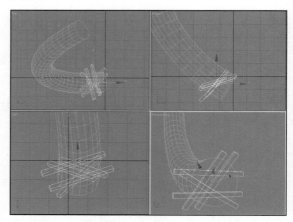

图4-146 创建模型

（2）利用和前面相同的方法，创建一个Box作为落版场景中液体撞击飞溅的目标物体，如图4-147所示。模型的导出过程与前面相同，这里就不再赘述了。

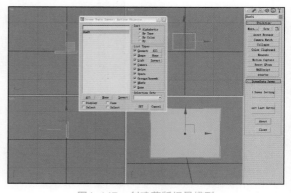

图4-147 创建落版场景模型

（3）最后制作落版LOGO球体，对其进行渲染并保存，如图4-148所示。

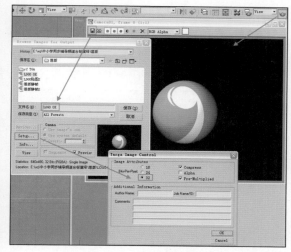

图4-148　渲染并保存文件

2. RealFlow中制作流体

本小节主要介绍在Realflow软件中制作流体动画的一个基本流程，其中涉及如何创建流体发射器、动力场以及它们各自参数的设置和最终的序列渲染输出。

（1）首先设置"场景1"的流体及动力学，Mesh属性参数的设置如图4-149所示。

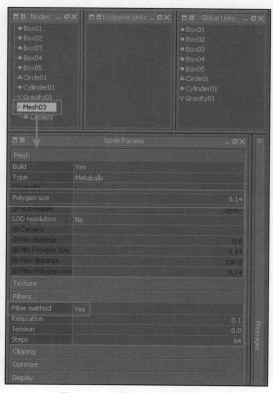

图4-149　设置Mesh的属性参数

（2）模拟输出"场景1"的Mesh序列，如图4-150所示。

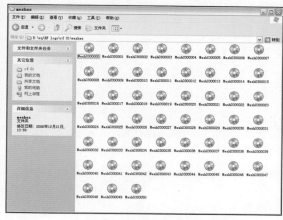

图4-150　运算保存的序列文件

（3）设置"场景2"的流体，在本场景中制作了一段流体从上方的环形下落的动画，参考场景如图4-151所示。

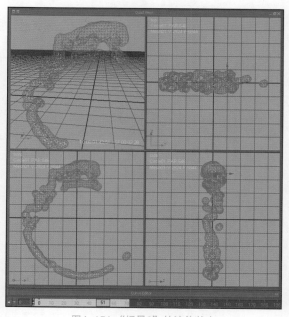

图4-151　"场景2"的流体状态

（4）"场景3"的流体动画与"场景1"有些相同，考虑到上一个场景中流体是从上往下落，所以在本场景中接着制作一段下落后的喷溅流体动画，如图4-152所示。

（5）设置落版场景的流体，如图4-153所示。

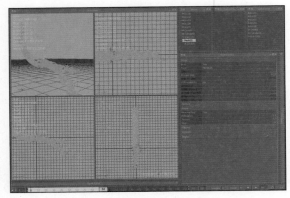

图4-152 "场景3"的流体运算

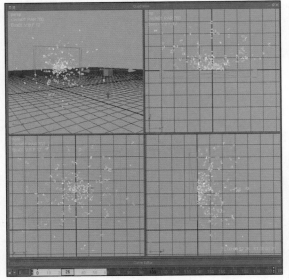

图4-153 设置落版场景的流体

（6）模拟输出落版场景的Mesh序列，如图4-154所示。

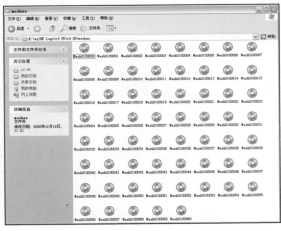

图4-154 运算保存的序列文件

3. 在3ds Max中导入Mesh并设置

（1）在3ds Max中导入Realflow渲染完的流体序列，并制作相关的材质，以及各个场景的镜头设置和动画制作，如图4-155所示。

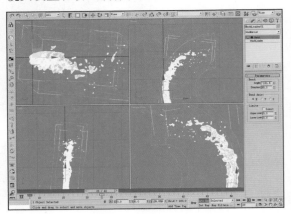

图4-155 设置Bend的关键帧动画

（2）制作"场景1"流体材质并进行渲染输出，如图4-156所示。

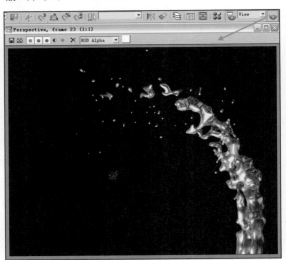

图4-156 制作材质并进行渲染输出

（3）使用同样的方法制作出"场景2"、"场景3"、"场景4"及落版场景的流体。

4. 在After Effects中合成镜头

本小节讲解了在后期合成中的全过程，处理好画面的构图和各元素之间的搭配是本节的重点，而落版场景中所制作的LOGO融合特效则充分利用了After Effects特效的强大功能。

（1）"场景1"的合成，如图4-157所示。

图4-157 "场景1"的合成

（2）"场景2"的合成，如图4-158所示。

图4-158 "场景2"的合成

（3）"场景3"的合成，如图4-159所示。

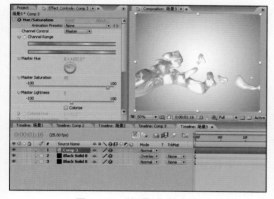

图4-159 "场景3"的合成

（4）"场景4"的合成，如图4-160所示。

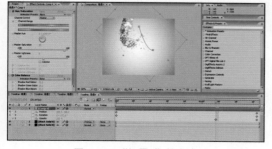

图4-160 "场景4"的合成

（5）落版场景合成，如图4-161所示。

图4-161 落版场景合成

（6）创建一个合成作为最终合成，如图4-162所示。

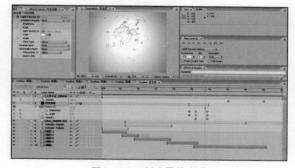

图4-162 创建最终合成

（7）最后进行渲染输出，将渲染完的序列导入到编辑软件中进行音乐的合成，从而完成最终的成片，如图4-163所示。

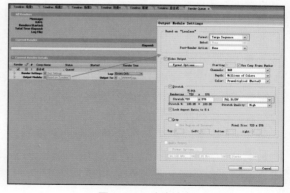

图4-163 渲染输出

本案例主要讲解了流体在影视包装方面的应用，这里涉及到流体制作软件Realflow。在整个流体的制作过程中，无论是从开始的3ds Max中制作并导出模型，还是在Realflow中流体的发射和调整，以及最后的输出，最后回到3ds Max

中进行材质的制作和最终的渲染，都需要一个清晰的制作流程。

　　关于Realflow在影视制作中的应用还有很

多，但应用频率最高的无非还是制作一些流体动画，大家可以在制作的过程中自己去积累并总结经验。

4.3 课后习题
——生活频道

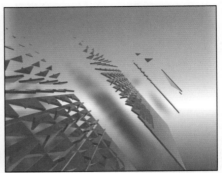
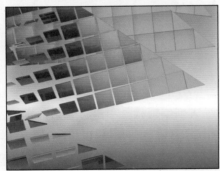

图4-164　生活频道

◆　练习知识要点

　　（1）首先需要在3ds Max软件制作三角形旋转动画，来体现生活频道三角形的LOGO，在制作的时候需要注意阴影及镜面反射的效果。

　　（2）在切换镜头的时候为其添加闪白特效，使其过渡更加流畅。

　　（3）模型的材质使用的是类似塑料的材质，而文字方面则使用铝合金效果的材质，灯光使用的是柔和一点的泛光灯，背景使用的是偏灰色的色调，由中间向上下两边渐变过渡，凸显三维物体，这样可以使得镜面反射效果更加漂亮。

第5章
片头制作

课堂案例
——中小学同步辅导频道总片头

本章将要学习一个数字电视频道总片头的制作方法，案例效果如图5-1所示。该频道是服务于中小学教育方面的，频道台标为一个圆形中的幼苗，寓意着一个蓬勃向上的新生事物。

在本章的学习中，将介绍在Maya中如何制作生长动画、如何制作与生长相配合的花开动画以及利用粒子特效完成飞舞的叶子等技术。

此外，本章将继续强调一种清新的画面风格。在制作过程中，要注意领悟画面构成与色调的把握。

图5-1　案例最终效果

5.1.1 前期创意与制作思考_____

1. 前期创意

作为一个服务于中小学教育方面的数字电视媒体，台标是以圆形中的幼苗为主体，整个表现出来的是一种新生命力的萌发状态，所以根据台标LOGO联想到了利用制作生长动画来表达频道成长的主题。

在确定了生长动画的表现形式后，继续确定以绿色系的渐变方式为背景，这样更符合生长萌发、充满生机的感觉。经过这样一分析，大致定下了片子的色调为台标LOGO的橙黄与生长动画所需的绿色。

整理了片子的整体风格之后，关于画面的构成方面，将配上一些装饰元素进行辅助。初步确定为一只飞舞的蝴蝶、飞舞的叶子和叶片，以及一些动画的文字。

在音乐的选择上，考虑到是生长动画，有一种新生、蓬勃向上的感觉，所以需要选择一段有生机的音乐。

2. 制作思考

经过上面的前期创意之后，下面要做的工作就是如何实现这些创意，各个场景画面的元素该如何来搭建，考虑好这些便能够在制作的过程中做到胸有成竹。

为了实现生长动画，首先需要在Maya中绘制蔓藤曲线，然后利用"挤出"命令制作蔓藤的生长。在"场景1"中，模拟萌芽的生长动画，然后在后面的场景中继续生长直到落版。

此外，花开的动画制作也是重点。在Maya中创建花的模型并利用"旋转"命令制作花瓣打开的动画。关于蝴蝶的飞舞动画，考虑利用蝴蝶图片的贴图来完成。部分场景在三维中设置蝴蝶的飞舞路径，穿梭于生长的蔓藤之间，其余飞舞路径在后期合成中调节完成。另外还需要利用Maya的粒子系统制作叶子的飞舞动画。

关于落版的LOGO，需要根据平面的样子在三维中制作一个球形LOGO，关键在于贴图和光照。

制作完场景中的三维元素后，在After Effects中进行合成工作。画面的构成、画面色调

的统一、装饰元素的添加为合成的重点工作。

完成前面的所有工作之后进行最后成品的渲染输出，并在剪辑软件中进行背景音乐以及配音的合成。这样，整个片子算是制作完成了。

理顺了上面的制作思路之后，后面的工作就十分清楚了。下面就来看看整个片子的制作过程。

5.1.2 制作生长的蔓藤_____

本小节主要讲解如何在Maya中"制作"生长动画，主要涉及到了绘制曲线并利用挤出命令实现蔓藤生长的动画效果。

1. 绘制曲线

（1）打开Maya 8.5后，按F3键切换到"Modeling"模式下，然后选择"Create/ NURBS Primitives/Circle"命令创建一个NURBS圆环，如图5-2所示。

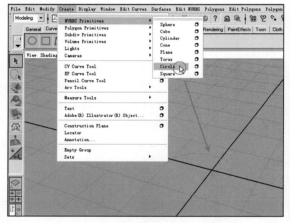

图5-2　创建NURBS圆环

（2）执行"Create/EP Curve Tool"菜单命令，在Front（前视图）中绘制一段曲线，如图5-3所示。

 提示

"CV Curve Tool"表示"可控制点曲线"创建工具，而"EP Curve Tool"则表示"可编辑曲线"创建工具。两者在使用的时候，前者是以控制点的方式创建曲线，而后者是以编辑点的方式创建曲线，创建完成后两者并无本质的区别。

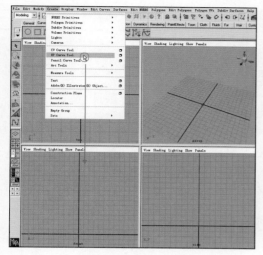

图5-3 绘制曲线

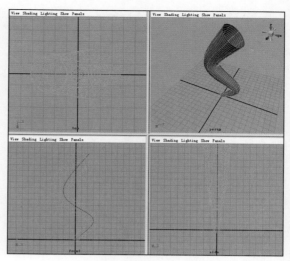

图5-5 当前的"挤出"效果

2. "挤出"成曲面

（1）选择刚创建好的NURBS圆环，然后按住Shift键单击曲线将其选中，执行"Surface/Extrude"（表面/挤出）菜单命令右边的"Settings"按钮，进入"Extrude"的设置面板，具体参数设置如图5-4所示。

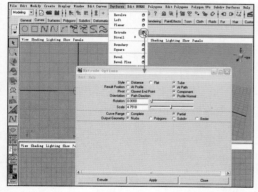

图5-4 打开"Extrude Options"对话框并进行设置

（2）完成设置后，单击设置窗口左下方的"Extrude"按钮，可以看到当前的"挤出"效果，如图5-5所示。

提示

所需要的是蔓藤生长时从根部往上呈现由粗到细的形态，而此时的"挤出"效果明显不符合要求。要达到需要的效果，还需要做一些修改。其实在上面的"挤出"设置中，如果将"Scale"的参数值设置为"0"的话就能解决问题，但是在前面并未设置此参数，所以现在要采取一个补救措施。

（3）切换到大纲视图下，在大纲中选择由"挤出"所产生的曲面，然后在右边的面板中单击"extrude"标签，切换到"extrude"的参数设置面板，修改"Scale"的参数值为"0"即可解决问题。完成后的曲面效果如图5-6所示。

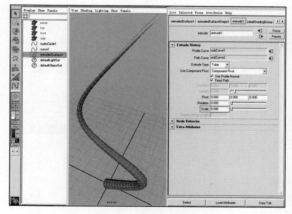

图5-6 修改曲面形态

3. 设置生长动画

（1）选择"挤出"的曲面，按下Ctrl + A组合键切换到"通道栏"，单击"subCurve 2"展开其参数面板，再将时间移到第50帧的位置，选择"Min Value"和"Max Value"两个参数，然后单击鼠标右键，在弹出的快捷菜单中选择"Key Selected"命令，为两个参数创建关键帧，如图5-7所示。

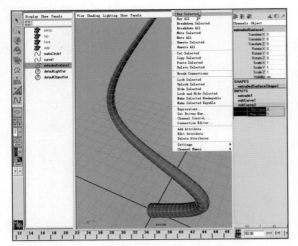

图5-7　记录第1组关键帧

 提示

　　"Max Value"表示"挤出"的最大程度，这里将其设置为"1"，则代表完全"挤出"。

　　（2）再将时间移到第1帧，修改"Max Value"的值为"0"，利用同样的方法记录下第2组关键帧，如图5-8所示。

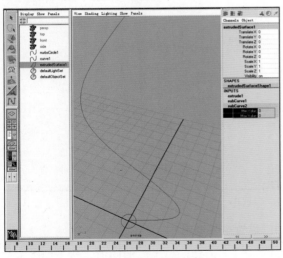

图5-8　记录第2组关键帧

　　（3）设置完毕后拖曳时间滑块观看动画情况，可以发现曲面从底部逐渐向上生长直到完全被"挤出"。下面是生长动画的状态，如图5-9所示。

　　这样，一个简单的生长动画就完成了。在后面各个场景中，将利用它为基础来完成复杂

的生长动画。

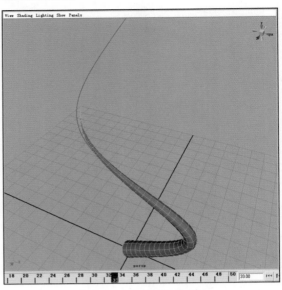

图5-9　生长动画中的状态

5.1.3　制作花开动画

　　本小节主要讲解如何在Maya中制作花开动画，主要涉及到花的模型制作以及花瓣打开动画的制作。

1．创建花瓣模型

　　（1）执行"Create/ NURBS Primitives/ Sphere"（创建/NURBS基本体/球体）菜单命令创建一个球体，如图5-10所示。

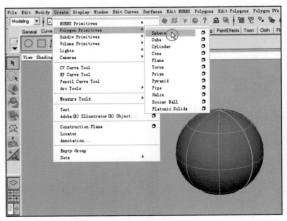

图5-10　创建球体

　　（2）利用"Scale Tool"（缩放工具）调整模型，将其拖长压扁成花瓣的形状，如图5-11所示。

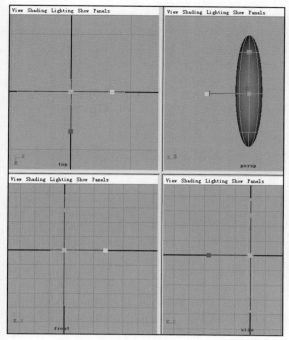

图5-11 调整模型形状

（3）单击鼠标右键，在弹出的快捷菜单中选择"Control Vertex"（控制点）命令进入物体的点级别，然后用"Move Tool"（移动工具）调整模型的形状，如图5-12所示。

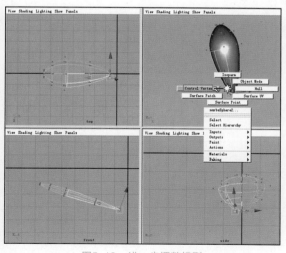

图5-12 进一步调整模型

（4）完成模型调整后，再次单击鼠标右键，在弹出的快捷菜单中选择"Select All"（选择全部）命令，退出点级别，这样就完成了整个花瓣模型的创建，如图5-13所示。

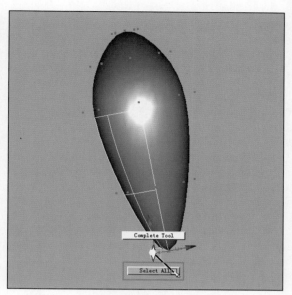

图5-13 完成花瓣模型创建

2. 创建花模型

（1）选择创建好的花瓣模型，单击"Move Tool"（移动工具），然后按"Insert"键调出坐标系，如图5-14所示。

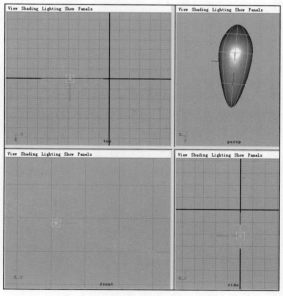

图5-14 调出坐标系

（2）使用鼠标左键移动花瓣的轴心点到花瓣较窄的一端，如图5-15所示。

（3）使用"Rotate Tool"（旋转工具）旋转花瓣，此时的"Rotate X"值为"-85"，如图5-16所示。

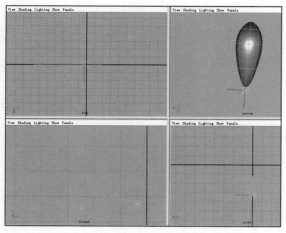

图5-15　调整轴心点

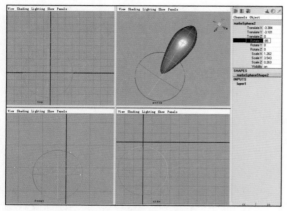

图5-16　旋转花瓣

目前还只有一个花瓣，下面将通过复制的方法得到更多的花瓣，从而组成整个花的模型。

（4）选择花瓣模型，按下Ctrl+D组合键复制花瓣，然后将复制后的新花瓣的"Rotate Y"值设置为"45"，如图5-17所示。

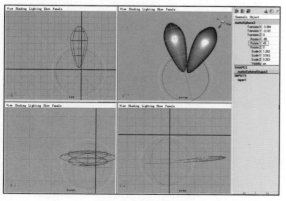

图5-17　复制花瓣

（5）按照同样的方法复制出更多的花瓣，

并调整它们各自的旋转角度，如图5-18所示。

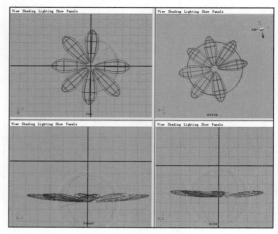

图5-18　复制更多花瓣

（6）选择所有的花瓣，使用"Scale Tool"（缩放工具）调整模型的整体大小，如图5-19所示。

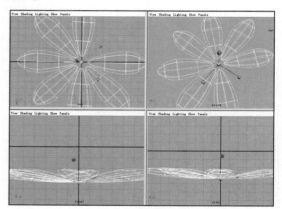

图5-19　调整模型大小

（7）再次选择所有的花瓣，使用"Rotate Tool"（旋转工具）进行旋转，如图5-20所示。

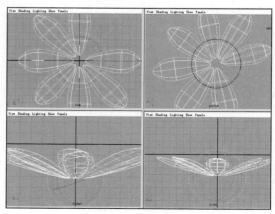

图5-20　旋转花瓣

（8）选择"Create Empty Layer"（创建图层）命令新建一个"Layer 1"层，如图5-21所示。

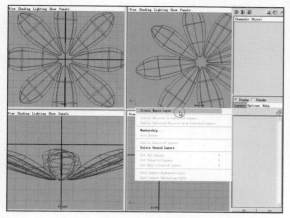

图5-21 创建新层

（9）选择前面创建好的全部花瓣，鼠标右键单击"Layer 1"层，在弹出的快捷菜单中选择"Add Select Objects"（将选中对象添加到当前图层）命令，把它们放入"Layer 1"层，如图5-22所示。

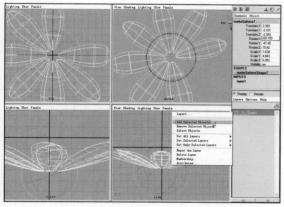

图5-22 添加花瓣到层

 提示

如果在后面的操作中要选择这一组花瓣，则可以通过鼠标右键单击"Layer 1"层，在弹出的快捷菜单中执行"Select Objects"（选择物体）命令，这样就可以很方便地选择一组物体了，如图5-23所示。

目前花的形态还只有一圈外围的花瓣，还需要复制更多的花瓣来完成整个花的模型的创建。

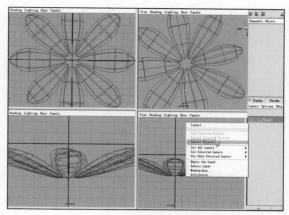

图5-23 通过"选择对象"命令选择层物体

（10）选择前面创建好的全部花瓣，按下Ctrl+D组合键复制更多的花瓣，然后使用"Rotate Tool"（旋转工具）旋转花瓣，如图5-24所示。

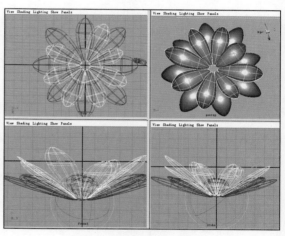

图5-24 复制并旋转花瓣

（11）选择新的花瓣，使用"Scale Tool"（缩放工具）调整花瓣的大小，如图5-25所示。

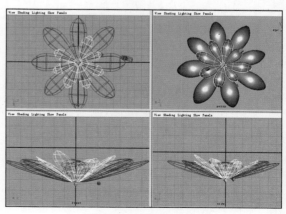

图5-25 调整花瓣大小

（12）新建一个空层，系统会自动命名为"Layer 2"，如图5-26所示。

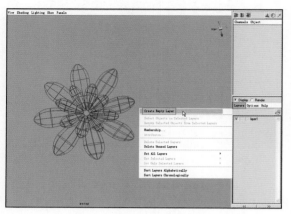

图5-26　新建层

（13）选择新创建好的一组花瓣，再用鼠标右键单击"Layer 2"层，在弹出的快捷菜单中选择"Add Select Objects"（将选中对象添加到当前图层）命令将它们放入"Layer 2"层中，如图5-27所示。

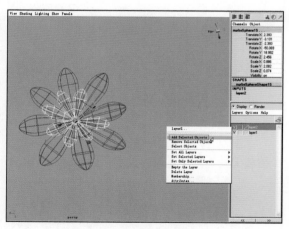

图5-27　添加花瓣到层

（14）按照前面的方法再复制出更多的花瓣，然后使用"Rotate Tool"（旋转工具）旋转花瓣，再使用"Scale Tool"（缩放工具）调整花瓣的大小，如图5-28所示。

（15）新建"Layer 3"层，按照与前面相同的操作将新创建的花瓣添加到"Layer 3"层中，如图5-29所示。

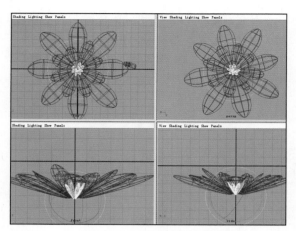

图5-28　复制新花瓣并调整

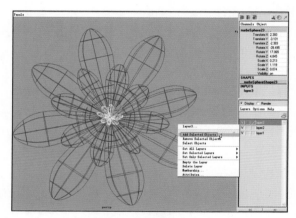

图5-29　添加花瓣到层

（16）最后再使用"Rotate Tool"（旋转工具）和"Scale Tool"（缩放工具）调整一下各个花瓣模型，最终完成整个花的模型创建，如图5-30所示。

图5-30　完成花的模型创建

3．设置花开动画

关于花开动画的制作，只要修改花模型的

两个旋转轴即可。需要注意的是在制作旋转动画的时候不要让花瓣相互重叠。

（1）单击"Layer 2"和"Layer 3"左边的V形图标，将较小的两组花瓣隐藏，然后用鼠标右键单击"Layer 1"层，在弹出的快捷菜单中选择"Select Objects"（选择物体）命令，选择最大的一组花瓣，如图5-31所示。

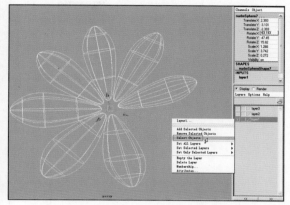

图5-31　选择第1组花瓣

（2）将时间移到第125帧，利用"Rotate Tool"（旋转工具）旋转花瓣，然后鼠标右键单击"Rotate X"轴，在弹出的快捷菜单中选择"Key Selected"（将选定对象设置为关键帧）命令创建关键帧，如图5-32所示。

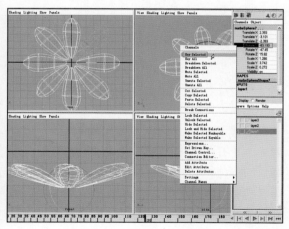

图5-32　创建第1个关键帧

（3）将时间移到第1帧，同样还是利用"Rotate Tool"旋转花瓣，然后鼠标右键单击"Rotate X"轴，在弹出的快捷菜单中选择"Key Selected"（将选定对象设置为关键帧）命令创建关键帧，如图5-33所示。

（4）按照与前面同样的方法再为第2组花瓣设置旋转动画，如图5-34所示。

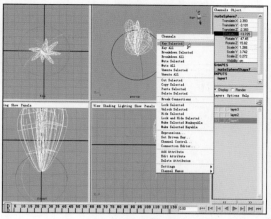

图5-33　创建第2个关键帧

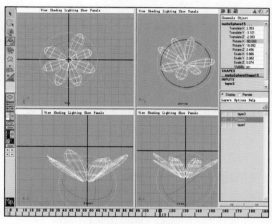

图5-34　设置第2组花瓣旋转动画

（5）按住Shift键选择"时间线"上的关键帧，然后分别向后移动，让第2组花瓣的开放动画的时间比第1组要延缓一些，如图5-35所示。

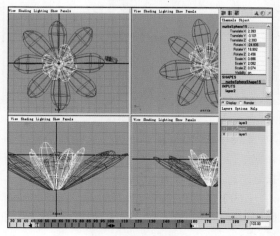

图5-35　移动关键帧

（6）在第2组花瓣旋转的第1个关键帧上，为"Scale X"、"Scale Y"和"Scale Z"分别设置缩放值，然后为它们创建关键帧，如图5-36所示。

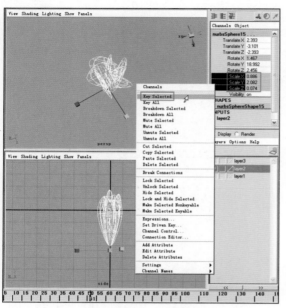

图5-36　添加第1组缩放关键帧

（7）将时间移到第1帧，然后缩放物体，设置第2组关键帧，如图5-37所示。

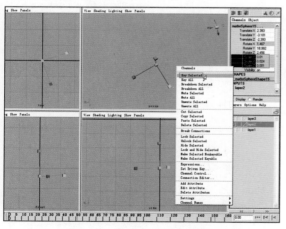

图5-37　添加第2组缩放关键帧

（8）为第3组花瓣设置缩放动画，旋转动画就不设置了。在第1帧将整体缩得很小。下面是处于打开后的状态，如图5-38所示。

（9）最后再选择花模型的每一个花瓣，使用Shift键选择"时间线"上的关键帧，按照与第5步相同的方法调整它们在"时间线"上的前

后位置，这样做的目的在于让花瓣打开后呈现先后生长不规则的效果，如图5-39所示。

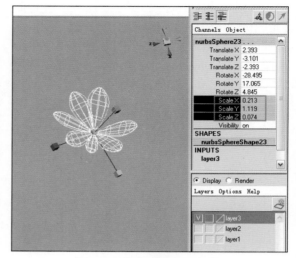

图5-38　第3组花瓣的缩放动画

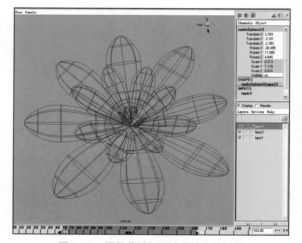

图5-39　调整花瓣打开动画的先后时间

完成上面的设置后，拖曳时间滑块可以看到一个花开的动画就制作完成了。在后面各个场景的创建中，将用到各个角度和大小不同的花开动画，大家只要按照此方法根据实际需要创建花开动画即可，具体操作流程就不再重复讲解了。

5.1.4　制作飞舞的树叶

本小节主要讲解如何在Maya中利用粒子系统来制作飞舞的树叶动画，主要涉及到了路径粒子流的创建和参数的调节以及粒子的替代等技术。

1. 创建树叶模型

（1）执行"Create/ NURBS Primitives/ Plane"（创建/NURBS基本体/平面）菜单命令创建一个平面物体，然后在"通道栏"中将其"Patches U"和"Patches V"的值都改为"4"，如图5-40所示。

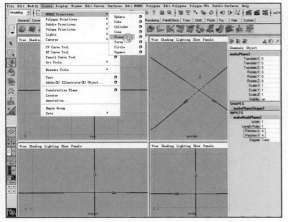

图5-40 创建NURBS平面

（2）通过缩放和调节控制点来改变平面物体的形状，调节后的效果如图5-41所示。

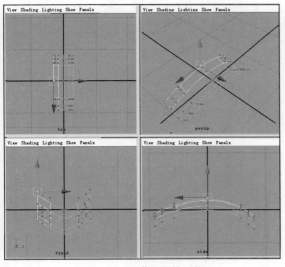

图5-41 调节平面的形状

（3）执行"Window/Rendering Editors/ Hypershade"菜单命令打开"材质贴图"窗口，在弹出的"材质编辑"窗口中可以看到右边上方的区域内已经存在3个默认的材质球，这里不用管它，只需要在左边的材质球创建栏中单击"Blinn"模式创建一个新的材质球即可，

如图5-42所示。

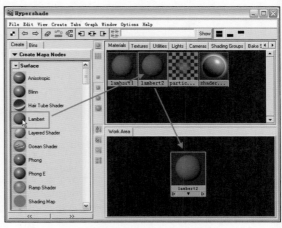

图5-42 创建"Blinn"材质球

（4）选择创建好的材质球，在其"材质属性编辑"面板中单击"Color"属性后面的按钮，在弹出的窗口中选择"File"，这样就为"Color"创建了一个"File"（文件）节点，如图5-43所示。

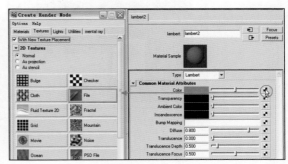

图5-43 创建"File"（文件）节点

（5）创建好"File"（文件）节点后，在其节点属性中选择需要贴图的外部文件。本例中是选择了一张制作好Alpha通道的叶子贴图（配套光盘"第5章\素材"文件夹中），如图5-44所示。

（6）再次转到"材质编辑"窗口，在"File 1"节点上按住鼠标中键不放，向右拖曳到"Lambert"材质球上，系统会弹出"属性连接"的快捷菜单，在菜单中选择"ambient Color"（环境色）属性，如图5-45所示。

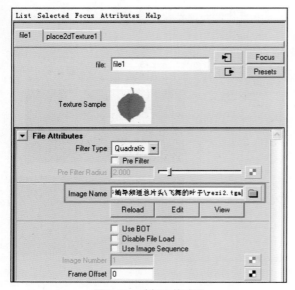

图5-44　选择文件贴图

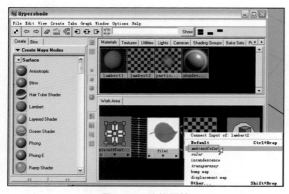

图5-45　连接属性

 提示

　　在选择文件贴图的时候，如果选择的贴图文件带有Alpha通道，系统会自动将该贴图连接到材质的"Transparency"（透明度）节点上。

　　（7）完成材质的制作后，将"Lambert"材质赋予开始调整好的平面，再按"6"键（注意不是小键盘上的"6"键），显示对象贴图，如图5-46所示。

2．创建路径粒子流

　　（1）执行"Create/EP Curve Tool"菜单命令，创建曲线路径，如图5-47所示。

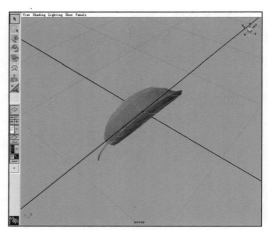

图5-46　赋予材质

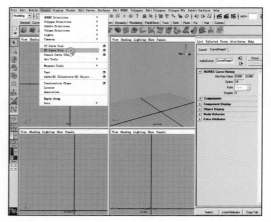

图5-47　创建曲线路径

　　（2）按F4键切换到"Dynamics"（动力学）模式下，再选择创建好的曲线，执行"Effects/Create Curve Flow"菜单命令，在视图中可以看到已经沿曲线的路径创建了许多圆环控制器，如图5-48所示。

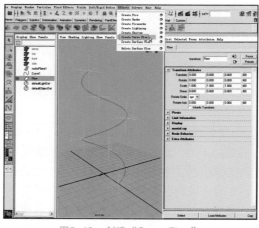

图5-48　创建"Curve Flow"

（3）拖曳时间滑块，可以观察到，沿着开始创建的曲线路径发射出了粒子流，如图5-49所示。

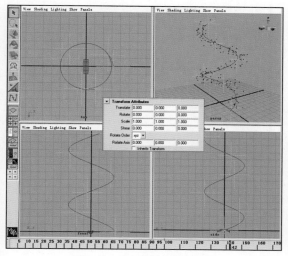

图5-49 当前的粒子发射状态

3. 粒子的替代

（1）选择创建好的叶子模型，再展开"Flow"，选择它下面的"Flow_particle"，然后执行"Particles/Instancer（Replacement）"菜单命令，完成后拖曳时间滑块，就可以看到粒子已经被叶子所替代，如图5-50所示。

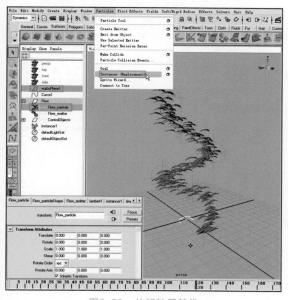

图5-50 执行粒子替代

通过观察发现，此刻发射的叶子太多了，显得比较杂乱，下面就来解决这个问题。

（2）选择"Flow_Particle"，在右边的"属性编辑器"中选择"Flow_emitter"标签，然后在"Basic Emitter Attributes"卷展栏中用鼠标右键单击"Rate（Particles/Sec）"，在弹出的快捷菜单中选择"Break Connection"命令打断它的连接，将数值改为40，如图5-51所示。

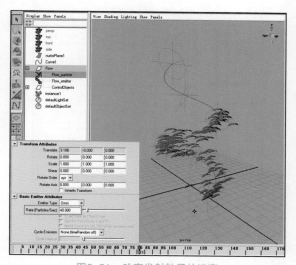

图5-51 改变发射粒子的速率

目前状态下，每个叶子动画时候的形态都是一样的，缺乏随机翻滚和大小的变化，显得太呆板了，下面就来解决这个问题。

（3）打开粒子的属性窗口，在"Flow_Particleshape"标签面板下展开"Add Dynamic Attributes"卷展栏，单击"General"按钮，在弹出的"Add Attributes: Flow_particleshape"对话框中输入"Attribute Name"（属性名）为"xuanzhuan"，然后选择"Data Type"区域中的"Vector"和"Attribute Type"区域中的"Per Particle（Array）"，最后单击"OK"按钮，如图5-52所示。

接下来要为这个新属性添加一段表达式来实现随机旋转效果。

（4）在"xuanzhuan"后面的框中单击鼠标右键，选择"Creation Expression"打开"表达式编辑器"添加一段表示式，如图5-53所示。

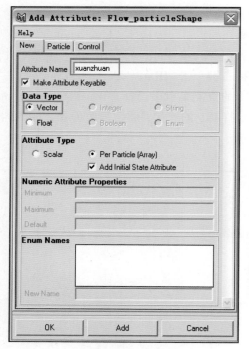

图5-52 新增旋转属性

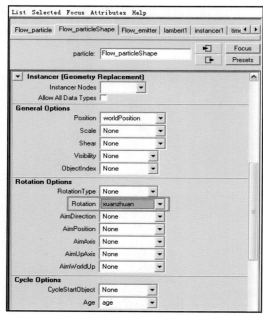

图5-54 为"Rotation"选择属性"xuanzhuan"

（6）新增一个名为"daxiao"的属性，为其输入表达式，如图5-55所示。

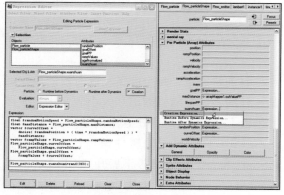

图5-53 添加表达式

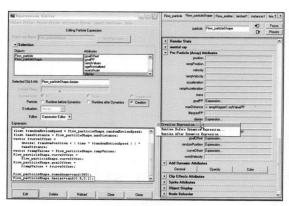

图5-55 添加表达式

提示

表达式中rand括号内的数值为粒子随机的角度值。

提示

表达式中的rand（0.8，0.1）的含义是指大小值在0.8～0.1之间随机取值，也就是让粒子大小在这之间随机取值并呈现出大小不同的效果。

（5）接着再展开"How_particleShape"标签下的"Instancer（Geometry Replacement）"属性，在"Rotation"属性下选择刚才已经添加了表达式的"xuanzhuan"，如图5-54所示。

下面来解决随机大小的效果，同样还是用表达式的方法来完成。

（7）同样的道理，在"Scale"属性下选择已经添加了表达式的"daxiao"，如图5-56所示。

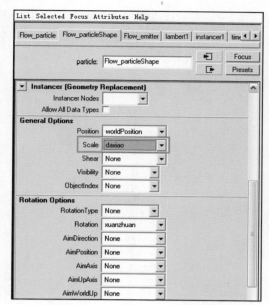

图5-56 为"Scale"选择属性"daxiao"

（8）拖曳时间滑块，可以看到发射后的叶子呈现出大小不一、随机翻滚的状态，如图5-57所示。

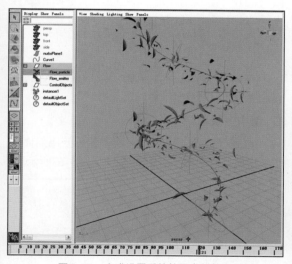

图5-57 完成设置后的粒子发射状态

最后对当前的视图进行渲染，效果如图5-58所示。

提示

在后面场景的制作中，可以根据实际的需要来制作叶子飞舞的动画形态，只需要调整"Curve"（曲线）的形态就可以制作出许多不同路径的飞舞的叶子流。

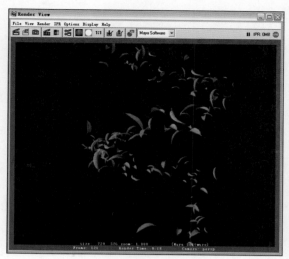

图5-58 当前的渲染效果

5.1.5 制作飞舞的蝴蝶

本小节主要讲解了在Maya中制作蝴蝶飞舞的动画，主要介绍利用巧妙的贴图来完成蝴蝶的形态，整个制作过程十分简单。

1. 创建模型并设置动画

（1）执行"Create"（创建）/"NURBS Primitives"（NURBS基本体）/"Plane"（平面）命令创建一个平面物体，同时将其复制一个出来，具体参数设置如图5-59所示。

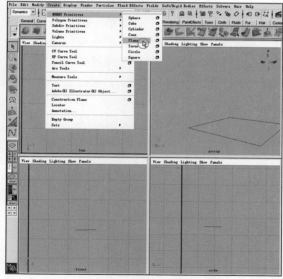

图5-59 创建NURBS平面

（2）为两个平面物体设置旋转动画以模拟蝴蝶翅膀扇动的动画，如图5-60所示。

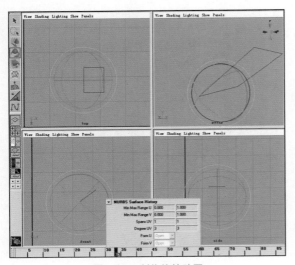

图5-60　制作旋转动画

 提示

　　在制作模拟翅膀扇动动画的过程中，尽量使每次上下扇动的角度不一致，这样的一种不规则使扇动动画效果更逼真。

2. 制作材质贴图

　　（1）执行"Window/Rendering Editors/Hypershade"菜单命令，打开"材质贴图"窗口。

　　按照前面叶子类似的贴图方式，这里所进行的材质贴图工作也十分简单，仍然是利用到了"File"（文件）贴图节点来完成。

　　这里的外部文件图片选择的是制作好的蝴蝶的一半（带有Alpha通道），通过这样的一个技巧呈现出蝴蝶的形态，达到"以假乱真"的效果，下面是蝴蝶的材质贴图情况，如图5-61所示。

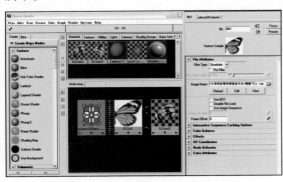

图5-61　蝴蝶材质贴图

　　（2）完成材质贴图的制作后将其分别赋予给两个NURBS平面，按6键显示贴图，可以看到目前状态下的效果如图5-62所示。

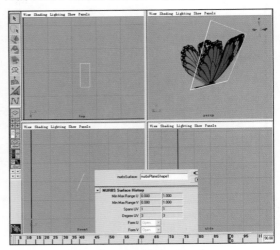

图5-62　贴图后的蝴蝶形态

　　这样，一个蝴蝶飞舞的动画就完成了。这个制作并不复杂，符合实际需要就行了，在后面的制作中，只需结合实际的场景来制作蝴蝶飞舞的位移动画即可。

5.1.6　"场景1"的搭建

　　本小节主要讲解了"场景1"的制作，着重表现生长的一个开始。

1. 制作生长动画

　　首先创建一个NURBS平面，然后使用前面介绍的方法制作蔓藤的生长动画，如图5-63所示。

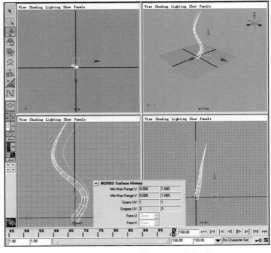

图5-63　制作"场景1"的生长动画

2. 制作材质贴图

（1）首先来制作生长的蔓藤材质，它的材质很简单，只需要添加一个"blinn"材质，并适当改变"Color"（颜色）、"Specular Color"（高光颜色）和"Reflectivity"（反射率）的参数即可，具体参数设置如图5-64所示。

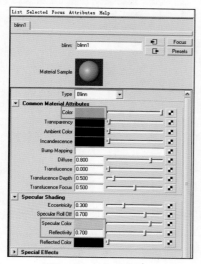

图5-64　制作蔓藤材质

（2）下面再来制作地面的材质，同样添加一个"blinn"材质球，为它的"Color"通道添加一个渐变节点，然后设置渐变的颜色，选择渐变方式为"Circular Ramp"（环形渐变），如图5-65所示。

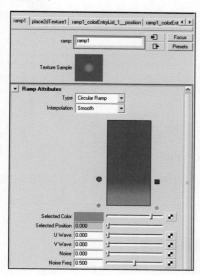

图5-65　第1帧时的渐变设置

（3）为了在第1帧～第100帧产生由中心向

外发散的渐变动画效果，需要在100帧处改变参数设置，如图5-66所示。

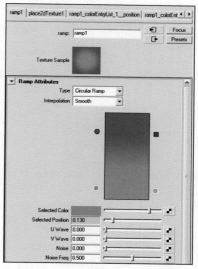

图5-66　第100帧时的渐变设置

（4）完成材质的制作后将他们赋予各自的物体即可。

3. 添加灯光

（1）执行"Create/Lights/Point Light"菜单命令创建一个点光源，在右边的"属性编辑器"中修改其发光强度为"0.9"，然后将其复制一个，再调整这两盏点光源在场景中的位置，如图5-67所示。

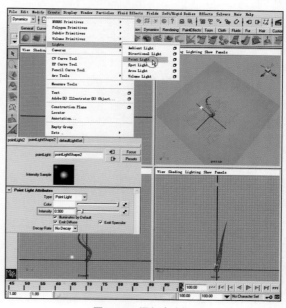

图5-67　添加点光源

（2）执行"Create/Lights/Directional Light"菜单命令创建一个目标光源，在右边的"属性编辑器"中修改其发光强度为"0.9"，并调整它在场景中的位置，如图5-68所示。

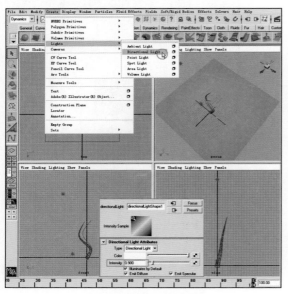

图5-68　添加目标光源

4.　添加摄像机并设置动画

（1）执行"Create/Cameras/Camera"菜单命令创建一个摄像机，然后设置它的"Focal Length"（焦距）和"Angle of View"（镜头张开的角度），如图5-69所示。

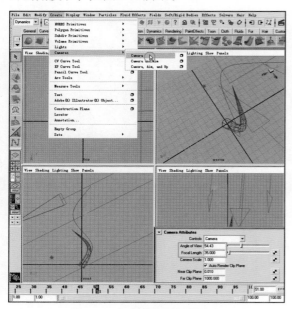

图5-69　创建摄像机并设置参数

（2）设置当前帧为第1帧，再调整摄像机在场景中的位置和角度，然后按下Ctrl + A组合键切换到"通道栏"，选择位移和旋转的参数，按下快捷键S设置第1个摄像机关键帧，如图5-70所示。

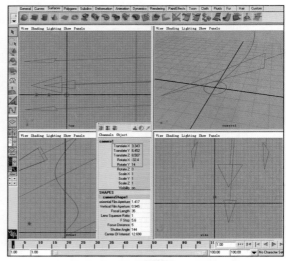

图5-70　设置第1组摄像机关键帧

（3）设置当前帧为第100帧，调整摄像机镜头向上拉伸，为摄像机设置第2组关键帧，如图5-71所示。

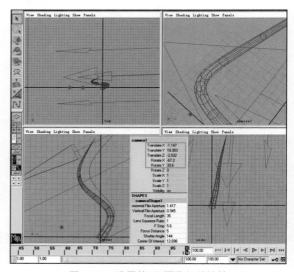

图5-71　设置第2组摄像机关键帧

5.　渲染输出序列

完成全部设置后，下面将这一段生长动画渲染输出。

（1）执行"File/Project/Set"菜单命令，然

后在弹出的窗口中选择渲染图片的输出路径，如图5-72所示。

图5-72 设置输出路径

（2）选择"Window/Rendering Editors/Render Settings"菜单命令，打开"渲染设置"窗口，设置输出的文件格式为"Targa（tga）"，文件名类型为"name . # .ext"，起始帧为第1帧，结束帧为第100帧，另外还需要设置输出的分辨率大小为"720×576"的模式，这里是选择了预置中的"CCIR PAL/Quantel PAL"模式，选择了此预置后，图像的像素比、纵横比例都已经自己设定好了，具体设置如图5-73所示。

 提示

在进行渲染设置的时候，注意要选择正确的渲染视图，比如在当前的渲染设置中，由于需要输出摄像机拍摄的生长动画，所以要选择"Camera"（摄像机）视图。如果选择了"Perspective"（透视图）输出，那么就不是当前所要的渲染结果了。

（3）下面还需要将渲染质量设置为最高，单击"渲染设置"对话框中的"Maya Software"选项卡，然后在"Quality"右边的下拉菜单中选择"Production Quality"，此时的"Edge Anti-aliasing"（抗锯齿）质量会自动转变为"Highest Quality"，具体参数设置如图5-74所示。

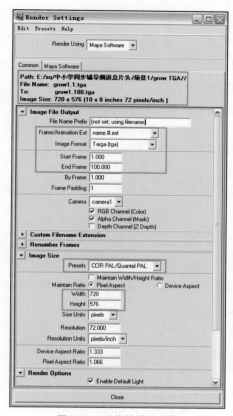

图5-73 渲染的详细设置

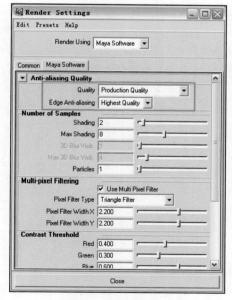

图5-74 设置渲染质量

（4）按F5键切换到"Rendering"（渲染）模式下，然后执行"Render/Batch Render"菜单命令就可以进行渲染了。

5.1.7 "场景2"的搭建

本小节主要讲解了"场景2"的制作，着重表现蔓藤在开始生长阶段的动画。

1. 制作生长动画

（1）首先在场景中绘制生长曲线，在绘制的时候注意要把握植物生长的规律，绘制一些弯曲的曲线，具体设置如图5-75所示。

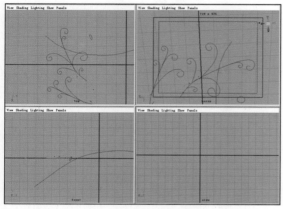

图5-75　绘制生长曲线

（2）按照第2小节的方法制作蔓藤的生长动画，如图5-76所示。

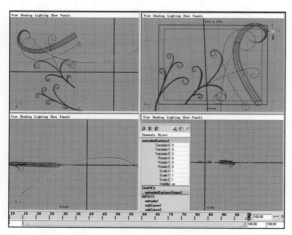

图5-76　制作蔓藤的生长动画

2. 制作材质贴图

（1）这里主要还是制作生长的蔓藤材质，该场景中需要黄、绿两种颜色的生长蔓藤。与上一个场景的设置相似，先添加两个"Blinn"材质球，具体参数设置如图5-77和图5-78所示。

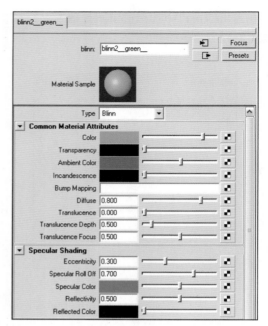

图5-77　绿色材质球的设置

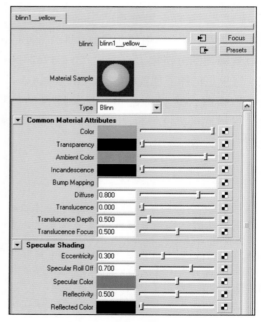

图5-78　黄色材质球的设置

（2）设置完毕后将材质赋予物体，按6键显示贴图效果，如图5-79所示。

3. 添加摄像机动画并输出序列

（1）同"场景1"的创建方法一样，选择"Create/Cameras/Camera"命令创建一个摄像机，然后设置它的"Focal Length"（焦距）和

"Angle of View"（镜头张开的角度），并将视图切换到"摄像机视图"，调整摄像机在场景中的角度和位置，如图5-80所示。

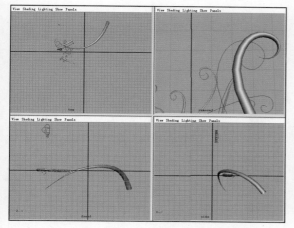

图5-79 赋予材质后的效果

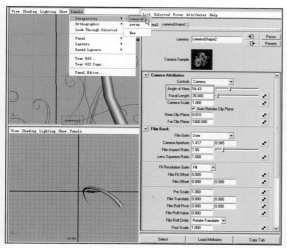

图5-80 添加摄像机

（2）设置当前帧为第1帧，调整摄像机在场景中的位置和角度，然后按下Ctrl+A组合键切换到"通道栏"，选择x、y、z这3个位移参数，单击鼠标右键，在弹出的快捷菜单中选择"Key Selected"命令，设置第1组摄像机关键帧，具体设置如图5-81所示。

（3）设置当前帧为第100帧，将摄像机镜头向上平移，为摄像机设置第2组关键帧，如图5-82所示。

（4）设置完摄像机动画后将该场景的生长动画输出图片序列，具体设置在前面第1场景中已经提到过，这里就不赘述了。

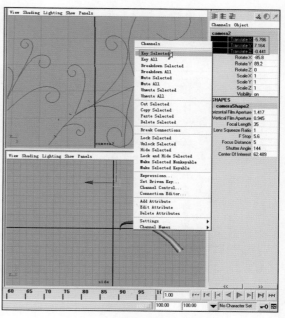

图5-81 设置第1组摄像机关键帧

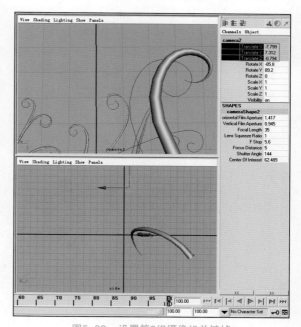

图5-82 设置第2组摄像机关键帧

5.1.8 "场景3"的搭建

本小节主要讲解了"场景3"的制作，这里只是简单地选择了一个摄像机的角度，然后渲染了一张图片在后期中合成使用。

1. 制作生长动画

同前面一样的方法，首先在场景中绘制生

长曲线，制作该场景的生长动画，然后赋予蔓藤与"场景2"同样的黄、绿材质即可，这里不再重复介绍了，如图5-83所示。

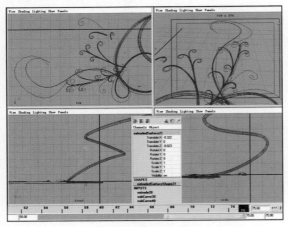

图5-83　制作生长动画

2. 添加摄像机并输出图片

（1）选择"Create/Cameras/Camera"命令，创建"Camera"摄像机，设置它的"Focal Length"（焦距）和"Angle of View"（镜头张开的角度），并选择摄像机视图的观察方式，调整摄像机在场景中的角度和位置，如图5-84所示。

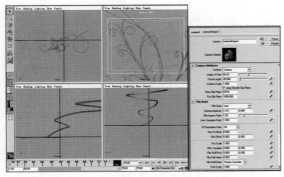

图5-84　添加摄像机

（2）按照前面"场景1"的渲染设置方法进行设置，将渲染尺寸设置为720×576的模式，并将渲染质量设置为最高。

按下渲染按钮对摄像机视图进行成品渲染，效果如图5-85所示。

（3）渲染完成后不要关闭"渲染"窗口，单击"渲染"窗口中的"File"，选择"Save Image"，在弹出的窗口中选择一个路径保存为

"TGA"格式的图片文件就可以了，如图5-86所示。

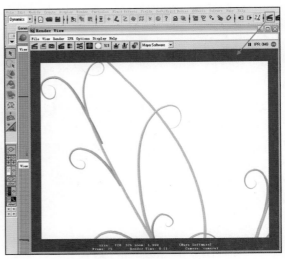

图5-85　成品渲染

图5-86　保存渲染图片

5.1.9 "场景4"的搭建

本小节主要讲解了"场景4"的制作，该场景要稍微复杂一些，因为涉及到蝴蝶在生长的蔓藤间穿梭。当然，还是一些基本的调节操作，并没有什么复杂的技术，只是需要一点耐心而已。

1. 制作蔓藤生长和蝴蝶动画

（1）首先还是在场景中绘制生长曲线，制作该场景的蔓藤生长动画，与前面不同的是，该场景需要制作的生长动画比较多，需要耐心地调节。

完成动画后再赋予蔓藤的黄、绿材质，最后的效果如图5-87所示。

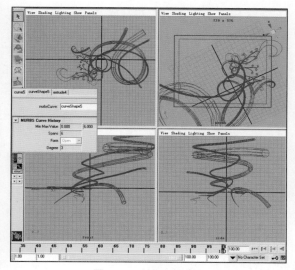

图5-87 制作生长动画

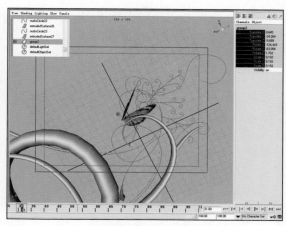

图5-89 设置蝴蝶动画关键帧2

下面再来添加蝴蝶飞舞穿梭的动画。

（2）首先按照前面第5小节的方法制作蝴蝶翅膀扇动的动画，然后按下Ctrl+G组合键将两个"翅膀"面片组合，命名为"group 2"。

（3）在时间为第1帧的时候，设置蝴蝶在场景中的位置、大小和角度，并记录下相关的关键帧，如图5-88所示。

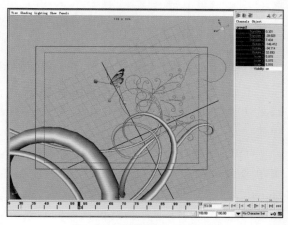

图5-90 设置蝴蝶动画关键帧3

（6）在时间为第75帧的时候，继续调整蝴蝶在场景中的位置、大小和角度，记录下第4组关键帧，如图5-91所示。

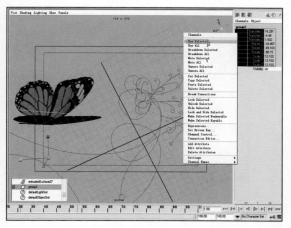

图5-88 设置蝴蝶动画关键帧1

（4）在时间为第31帧的时候，设置蝴蝶在场景中的位置、大小和角度，记录下第2组关键帧，如图5-89所示。

（5）在时间为第53帧的时候，调整蝴蝶在场景中的位置、大小和角度，记录下第3组关键帧，如图5-90所示。

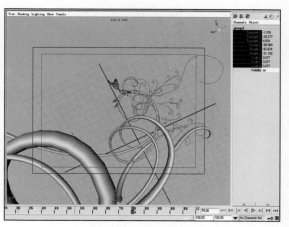

图5-91 设置蝴蝶动画关键帧4

（7）在时间为第100帧的时候，再调整蝴蝶在场景中的位置、大小和角度，记录下最后一组关键帧，如图5-92所示。

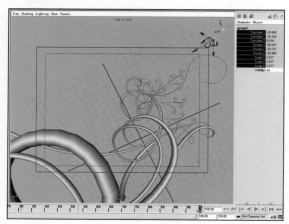

图5-92　设置蝴蝶动画关键帧5

2. 添加摄像机动画并输出序列

下面将通过添加摄像机并设置镜头动画的方法来模拟蝴蝶在蔓藤生长中的飞舞穿梭。

（1）选择"Create/Cameras/Camera"菜单命令，创建摄像机，设置它的"Focal Length"（焦距）和"Angle of View"（镜头张开的角度），并选择摄像机视图的观察方式，调整摄像机在场景中的角度和位置，如图5-93所示。

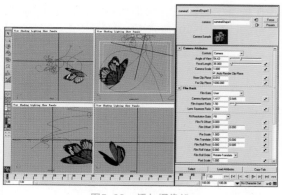

图5-93　添加摄像机

（2）设置当前帧为第1帧，调整摄像机在场景中的位置和角度，然后按下Ctrl＋A组合键切换到"通道栏"，选择x、y、z这3个轴向的位移参数和x、y两个轴向的旋转参数，然后单

击鼠标右键，在弹出的快捷菜单中选择"Key Selected"命令，再设置第1组摄像机关键帧，具体设置如图5-94所示。

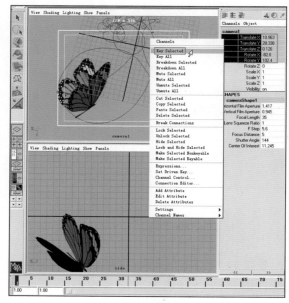

图5-94　设置第1组摄像机关键帧

（3）设置当前帧为第33帧，调整摄像机镜头向纵深推进，为摄像机设置第2组关键帧，具体参数设置如图5-95所示。

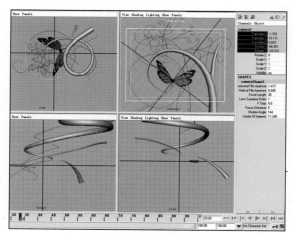

图5-95　设置第2组摄像机关键帧

（4）设置当前帧为第100帧，调整摄像机镜头继续向纵深推进，为摄像机设置第3组关键帧，具体参数设置如图5-96所示。

（5）设置完摄像机动画后，将该场景的生长动画和蝴蝶飞舞动画输出为图片序列。

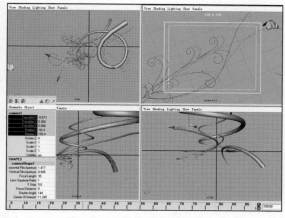

图5-96 设置第3组摄像机关键帧

5.1.10 "场景5"的搭建

本小节主要讲解了"场景5"的制作,该场景比较复杂的地方就是蔓藤生长动画的调节。

1. 制作蔓藤生长动画

仍然是在场景中绘制生长曲线,制作该场景的生长动画,同样需要耐心地调节。完成动画后再赋予蔓藤的黄、绿材质,最后的效果如图5-97所示。

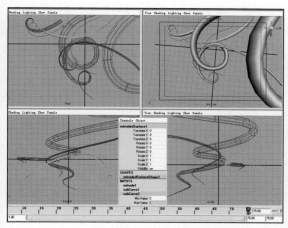

图5-97 制作生长动画

2. 添加摄像机动画并输出序列

(1)执行"Create/Cameras/Camera"菜单命令,创建摄像机,设置它的"Focal Length"(焦距)和"Angle of View"(镜头张开的角度),并选择摄像机视图的观察方式,调整摄像机在场景中的角度和位置,如图5-98所示。

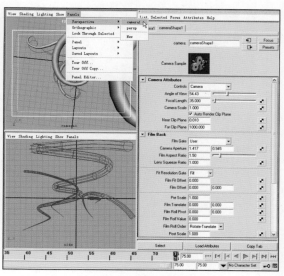

图5-98 添加摄像机

(2)设置当前帧为第1帧,调整摄像机在场景中的位置和角度,然后按下Ctrl + A组合键切换到"通道参数栏",选择x、y、z这3个轴向的位移、大小和旋转参数,然后单击鼠标右键,在弹出的快捷菜单中选择"Key Selected"命令,再设置第1组摄像机关键帧,如图5-99所示。

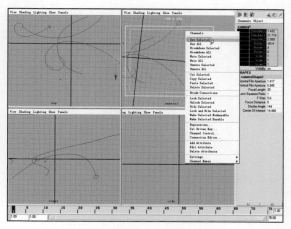

图5-99 设置第1组摄像机关键帧

(3)设置当前帧为第100帧,调整摄像机镜头向左移动,为摄像机设置第2组关键帧,如图5-100所示。

(4)设置完摄像机动画后,同样将该场景的生长动画输出为图片序列。

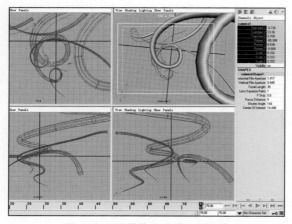

图5-100　设置第2组摄像机关键帧

5.1.11 "场景6"的搭建

本小节主要讲解了"场景6"的搭建制作，该场景主要是起到一个过渡场景的作用。

1. 制作蔓藤生长动画

首先还是在场景中绘制生长曲线，制作该场景的生长动画。完成动画后再赋予蔓藤的黄、绿材质，该场景最后的效果如图5-101所示。

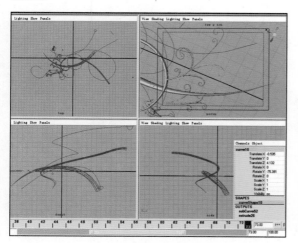

图5-101　制作生长动画

2. 添加摄像机动画并输出序列

（1）执行"Create/Cameras/Camera"菜单命令，创建摄像机，设置它的"Focal Length"（焦距）和"Angle of View"（镜头张开的角度），并选择摄像机视图的观察方式，再调整摄像机在场景中的角度和位置，如

图5-102所示。

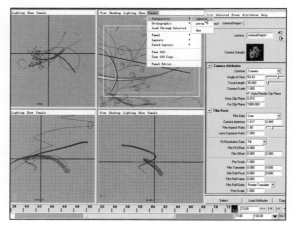

图5-102　添加摄像机

（2）下面来调整动画的时间范围，修改起始帧为第33帧，结束帧为第73帧，具体参数设置如图5-103所示。

图5-103　修改动画的时间范围

（3）将时间滑块拖曳到第33帧，调整摄像机在场景中的位置和角度，按下Ctrl+A组合键切换到"通道栏"，再选择x、y、z这3个轴向的位移参数，然后单击鼠标右键，在弹出的快捷菜单中选择"Key Selected"命令，设置第1组摄像机关键帧，如图5-104所示。

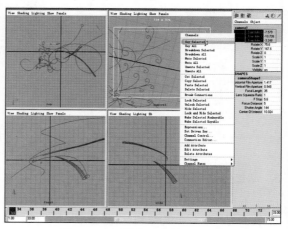

图5-104　设置第1组摄像机关键帧

（4）设置当前帧为第73帧，调整摄像机镜头向右移动一小段距离，为摄像机设置第2组关键帧，如图5-105所示。

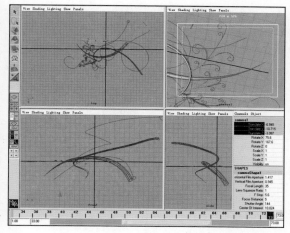

图5-105 设置第2组摄像机关键帧

（5）设置完摄像机动画后，再将该场景的生长动画输出为图片序列。注意在渲染设置的时候，要将动画渲染的时间范围设置为当前的从第33帧开始到第73帧结束，如图5-106所示。

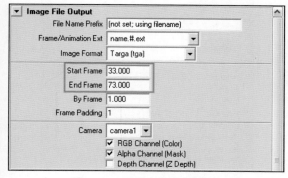

图5-106 设置渲染的时间范围

5.1.12 落版场景的搭建

本小节主要讲解了落版场景的制作，该场景主要涉及到落版LOGO模型和文字的创建。

1. 落版LOGO的制作

（1）在3ds Max的Front（前视图）中创建一个圆球体作为LOGO模型，如图5-107所示。

（2）为球体模型添加灯光，创建了一盏"Omni"（泛光灯）作为辅光源，同时调整灯光在场景中的位置，如图5-108所示。

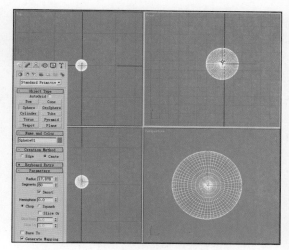

图5-107 创建球体

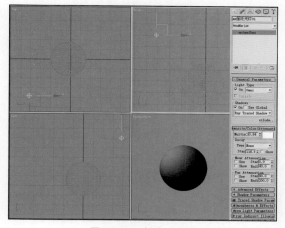

图5-108 创建泛光灯

（3）添加一盏"Target Spot"（聚光灯），同样调整它在场景中的位置，使其照亮球体正面，如图5-109所示。

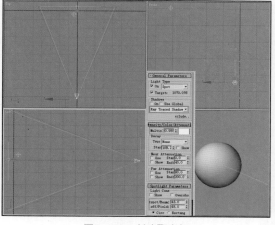

图5-109 创建聚光灯

（4）下面将为场景中添加摄像机。在"创建"面板中选择创建目标摄像机，在"修改"面板中修改摄像机镜头的焦距和景深，同时调整它在场景中的位置和角度，如图5-110所示。

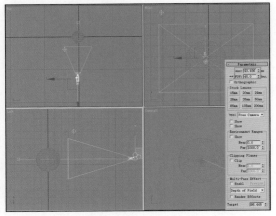

图5-110　添加摄像机

完成上面的工作后，下面来为该球体制作材质贴图，也就是要将LOGO中的幼苗形状贴到球体表面。

（5）按M键打开"材质编辑器"，选择一个材质球，命名为"LOGO贴图"，然后设定它的材质类型为"Anisotropic"，再调整高光的范围，同时设置"Diffuse"（漫反射）和"Specular"（高光）的颜色，如图5-111所示。

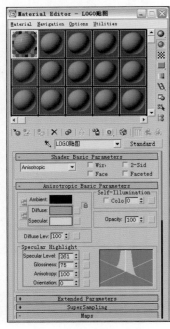

图5-111　设置材质球

（6）展开材质球的"Maps"卷展栏，单击"Diffuse"后面的"None"按钮，在弹出的新窗口中选择"Bitmap"（位图），如图5-112所示。

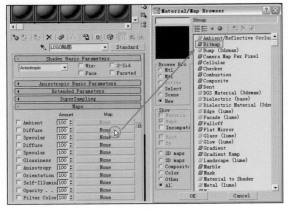

图5-112　选择图片贴图

（7）然后在弹出的新窗口中选择一个制作好的幼苗黑白图片，如图5-113所示。

图5-113　选择贴图

（8）对当前的摄像机视图进行渲染，会发现当前的贴图显示并不正确，如图5-114所示。

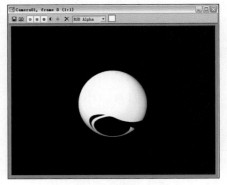

图5-114　当前的渲染效果

从上面的渲染效果来看，幼苗部分全黑了，这并不是所需要的效果，下面就来解决这个问题。

（9）展开材质球的"Output"卷展栏，勾选"Invert"（反转）选项即可，如图5-115所示。

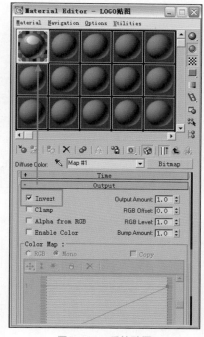

图5-115　反转贴图

（10）对当前的摄像机视图进行渲染，观察效果，开始的问题已经解决了，但是发现贴图的位置不对，如图5-116所示。

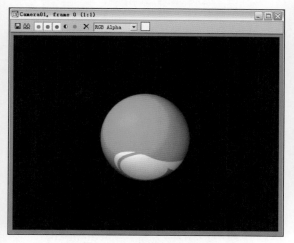

图5-116　当前的渲染效果

（11）下面来修改贴图的坐标以及贴图的

范围，使贴图趋于正确的显示方式，具体参数设置如图5-117所示。

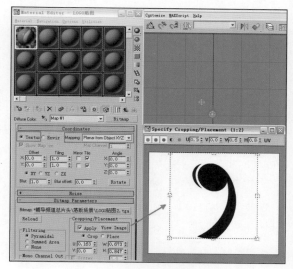

图5-117　修改贴图坐标和范围

提示

在修改贴图范围结束后，注意一定要勾选"View Image"左边的"Apply"（适应）选项，否则所修改的范围将不会收到任何效果。

再次渲染摄像机视图，发现问题已经解决了，渲染效果如图5-118所示。

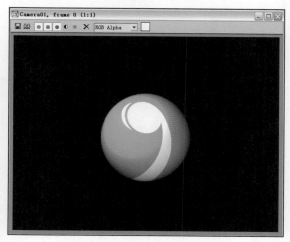

图5-118　完成修改后的渲染效果

（12）最后按下"渲染"窗口左上角的"保存"按钮，将最终的渲染效果保存为一张带Alpha通道的TGA图片，如图5-119所示。

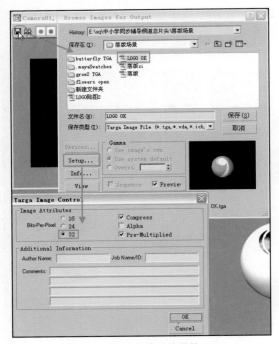

图5-119　保存渲染图片

2. 制作落版文字

（1）在3ds Max中新建一个文件，在"创建"命令面板中选择"文字工具"，然后输入所需要的文字，如图5-120所示。

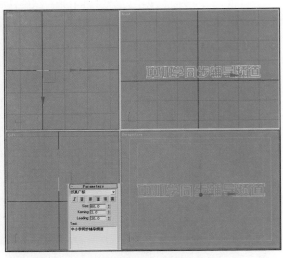

图5-120　创建文字

（2）在"修改"面板中为文字添加一个倒角修改命令，进行文字的倒角制作，倒角的具体参数设置如图5-121所示。

（3）按快捷键M打开"材质编辑器"，选

择一个材质球，命名为"正面贴图"，设定它的材质类型为"Metal"（金属），调整高光的范围，如图5-122所示。

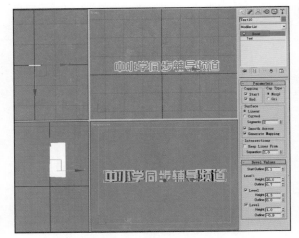

图5-121　制作文字倒角

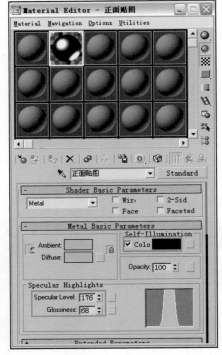

图5-122　设置材质球

（4）展开材质球的"Maps"卷展栏，单击"Reflection"（反射）后面的"None"按钮，在弹出的新窗口中选择"Bitmap"（位图），如图5-123所示。

（5）使用同样的方法制作一个文字侧面贴

图材质，设置过渡色为金黄色，具体参数设置如图5-124所示。

图5-123　选择反射贴图

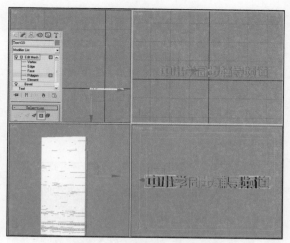

图5-125　选择文字正面网格

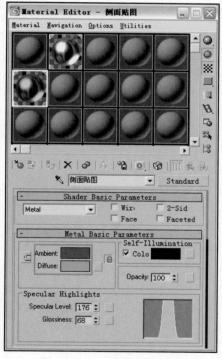

图5-124　制作文字侧面材质

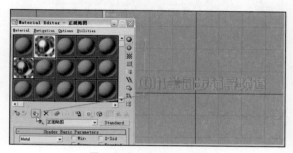

图5-126　赋予正面材质

（8）执行"Edit"（编辑）/ "Select Invert"（反向选择）命令，选择除正面外的文字侧面网格，然后将侧面材质赋予给它即可，如图5-127所示。

制作完文字的材质后，下面将把这两个材质分别赋予文字的正面和侧面。

（6）选择创建好的倒角文字，为它添加一个"Edit Mesh"（编辑网格）修改命令，然后进入"Polygon"级别，在Front（前视图）中选择文字的正面，如图5-125所示。

（7）将正面材质赋予给文字的正面，如图5-126所示。

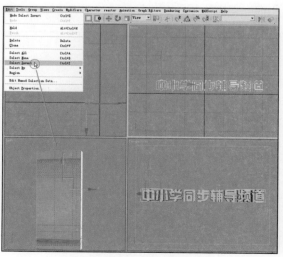

图5-127　反向选择文字侧面

如果是通过鼠标拖曳的方式去选择侧面网格，则有可能出现选择不精确的情况，而利用反选功能就可以轻易地达到正确选择的目的。

对当前的透视图进行渲染测试，效果如图5-128所示。

图5-128　当前的渲染测试效果

观察测试渲染效果发现，图中文字缺乏明暗变化，另外，高光也不是很明显，下面还需要在场景中添加灯光来解决这一问题。

（9）在"灯光创建"面板中单击"Target Spot"按钮，添加一盏"Target Spot"（聚光灯），调整灯光在场景中的位置，照亮文字的正面，如图5-129所示。

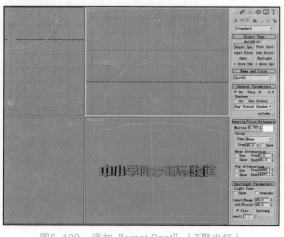

图5-129　添加"arget Spot"（T聚光灯）

（10）继续向场景中添加灯光，创建一盏"Omni"（泛光灯），作为辅光源，设置灯光参数，然后复制2盏泛光灯，调整这3盏灯光在场景中的位置，如图5-130所示。

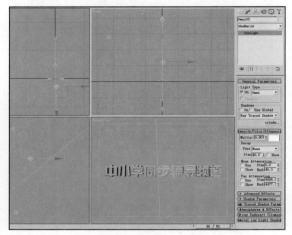

图5-130　添加泛光灯

（11）其中要将文字背后下方的一盏泛光灯的颜色设置为橙黄色，使文字侧面呈现出该颜色的显示状态，如图5-131所示。

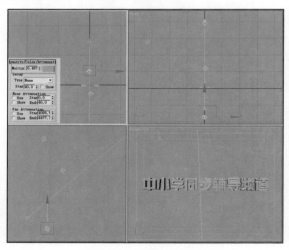

图5-131　设置灯光颜色

完成灯光设置后，再次对透视图进行渲染，效果如图5-132所示。

为了丰富文字正表面的明暗变化，下面再来制作一段材质动画。

（12）打开"Auto Key"（自动记录关键帧）按钮，然后将时间滑块移到第0帧，再修改正面材质的反射贴图范围，记录第1个关键帧，如图5-133所示。

图5-132　当前的渲染测试效果

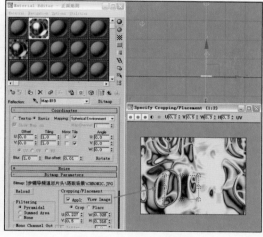

图5-133　修改反射贴图范围

（13）将时间滑块移到第50帧，再修改贴图范围，记录下第2个关键帧，具体参数设置如图5-134所示。

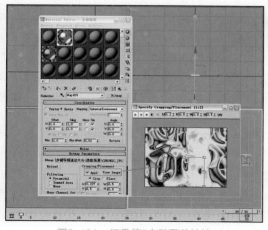

图5-134　记录第2个贴图关键帧

（14）完成设置后，再拖曳时间滑块，然后在第0帧的位置对透视图进行渲染，效果如图5-135所示。

图5-135　第0帧时的渲染效果

（15）拖曳时间滑块到第25帧的位置，再次对透视图进行渲染，效果如图5-136所示。

图5-136　第25帧时的渲染效果

从上面第0帧和第25帧时的两张渲染图片来看，文字正表面的明暗发生了变化，这样就达到了开始设置的贴图动画效果。

（16）最后将该段落版文字的贴图动画渲染输出。按下快捷键F10，打开"渲染"设置面板，设置渲染输出的时间范围为0到50帧，输出格式为"PAL D1/DV"，如图5-137所示。

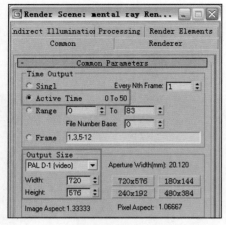

图5-137　设置渲染时间和尺寸

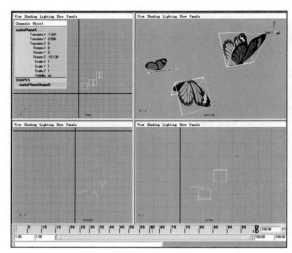

图5-139　制作蝴蝶翅膀扇动动画

（17）单击"Render Output"下的"File"按钮，设置输出路径，选择输出的文件格式为"TGA"图片序列，同时注意将TGA设置为32位带Alpha通道的图片格式，如图5-138所示。

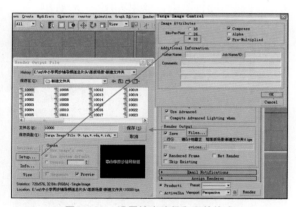

图5-138　设置输出路径和文件格式

（18）完成上面的设置之后，按"Render"按钮就可以进行渲染输出了。

3. 落版蝴蝶粒子动画

（1）再次打开Maya，在新建的文件中按照前面蝴蝶飞舞的制作方法制作3个扇动翅膀的蝴蝶，注意在设置扇动翅膀动画的时候让3只蝴蝶的扇动频率有所区别，如图5-139所示。

（2）选择"Create/NURBS Primitives/Plane"菜单命令，创建一个NURBS平面物体，如图5-140所示。

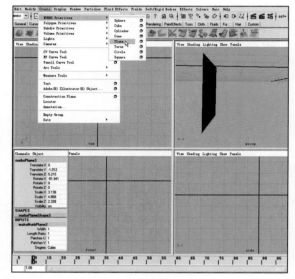

图5-140　创建NURBS平面

（3）按F4键切换到"Dynamics"（动力学）模式下，然后选择这个NURBS平面，执行"Particles"（粒子）/"Emit from Object"（从物体发射）命令，可以看到NURBS平面的中心已经产生了一个圆点发射器。拖曳时间滑块则可以观察到默认状态下的粒子发射情况，如图5-141所示。

下面来进行蝴蝶替换粒子的工作。

（4）先选择3个蝴蝶，再选择粒子，注意这个顺序不能颠倒，然后执行"Particles/Instancer（Replacement）"菜单命令，完成后拖曳时间滑块，可以看到粒子已经被蝴蝶所替代，如图5-142所示。

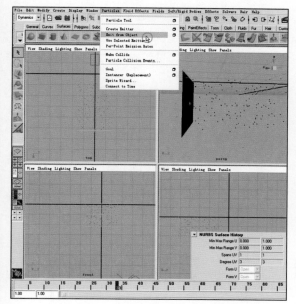

图5-141 从物体发射粒子

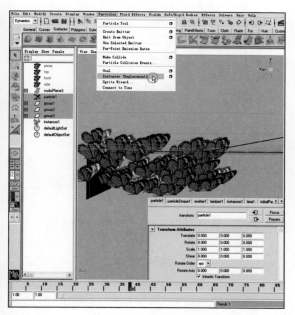

图5-142 替代粒子

观察目前的粒子替代情况，发现只替代了其中一个蝴蝶，而其他两个蝴蝶并没有出现在替代后的粒子中，下面来解决这个问题。

（5）在大纲中选择"Instancer 1"，在右边的属性设置面板中选择"ParticleShape1"标签，展开它的"Add Dynamic Attributes"卷展栏，然后单击"General"按钮，在弹出的新窗口中设置新增属性的名字，完成后单击

"OK"按钮。这样就在"Per Particle（Array）Attributes"选项中新增加了一个"instancer"属性，将用它来控制粒子的替代数目，如图5-143所示。

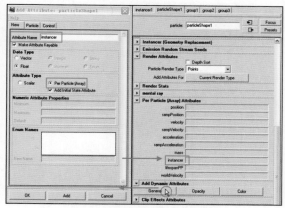

图5-143 新增粒子控制属性

接下来要为这个新属性添加一段表达式来实现3个蝴蝶的随机发射效果。

（6）在"instancer"后面的框中单击右键，选择"Creation Expression"命令，打开"表达式编辑器"并添加一段表达式，如图5-144所示。

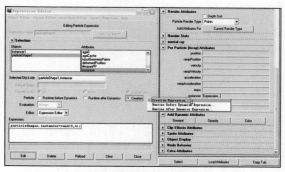

图5-144 添加表达式

 提示

rand表示随机的意思，表达式后面的rand（0，4）表示要替代的数目，这里需要替代3只蝴蝶，所以设置成4就足够了，当然设置得大也没问题。

（7）写完表达式后再展开"particleShape1"标签下的"Instancer（Geometry Replacement）"属性，在"ObjectIndex"下选择刚才的新增置

换属性"instancer"，如图5-145所示。

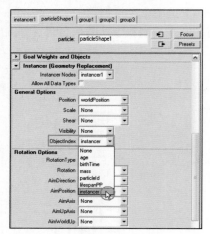

图5-145　为"ObjectIndex"选择属性"instancer"

（8）设置完毕后再次拖曳时间滑块，可以看到3只蝴蝶都随机出现在了发射中的粒子，完全将粒子替代了，如图5-146所示。

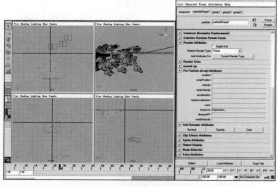

图5-146　完成替代后的粒子

从目前场景中的粒子发射情况来看，每个蝴蝶的角度没有什么变化，大小过于统一，下面同样还是用表达式的方法来解决这两个问题。

（9）还是在选择"instancer1"的情况下，新增一个名为"daxiao"的属性，并为其输入表达式，如图5-147所示。

 提示

表达式中的rand（0.3，0.1）意思是指大小值在0.3到0.1之间随机取值。

（10）展开"particleShape1"标签下的"Instancer（Geometry Replacement）"属性，

在"Scale"属性下选择刚才已经添加了表达式的"daxiao"，如图5-148所示。

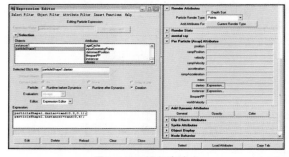

图5-147　添加表达式

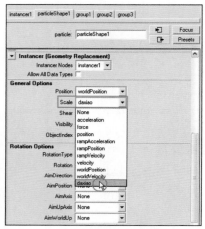

图5-148　为"Scale"选择属性"daxiao"

（11）新增加一个控制旋转的属性，命名为"xuanzhuan"，然后为其添加一段表达式，具体设置如图5-149所示。

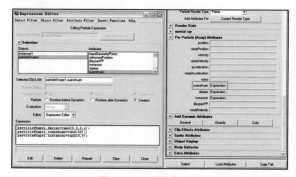

图5-149　添加表达式

 提示

表达式中rand括号内的数值为粒子随机的角度值。

（12）完成上面全部的替代设置工作后，再次拖曳时间滑块，观察粒子的发射状态，可以看到前面的问题都已经解决了，如图5-150所示。

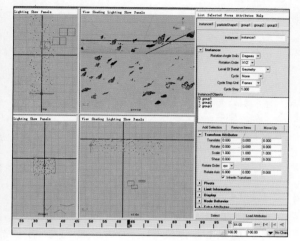

图5-150 完成替代的最终粒子发射效果

（13）最后再向场景中添加一个重力场，让蝴蝶群体飞舞动画适当向上运动。在"Dynamic"模块下执行"Fields/Gravity"（重力）菜单命令，然后设置重力参数，如图5-151所示。

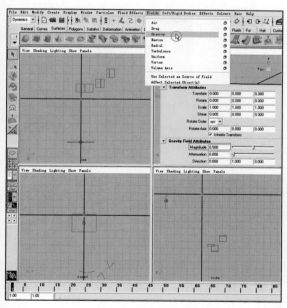

图5-151 添加重力场

（14）完成后拖曳时间滑块可以观察当前的动画效果，可以看到蝴蝶群产生了向上飞的趋势，如图5-152所示。

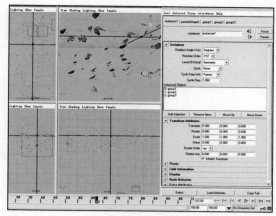

图5-152 受力学影响后的蝴蝶动画效果

（15）最后将完成好的动画渲染输出为图片序列即可，方法在前面的小节中已经详细介绍了，这里不再赘述。

5.1.13 在After Effects中合成镜头

本小节将学习本片的后期合成，重点在于画面构图和整体色调的把握，以及如何调整各个元素间的相互动画。此外，一些辅助元素的搭配对于整个画面的协调作用也是掌握的要点。

1. "场景1"的合成

（1）在After Effect中新建一个合成，命名为"场景1"，选择"Preset"为"PAL D1/DV"模式，设置大小为"720×576"，"Pixel Aspect Ratio"（像素比）为"1.07"，"Frame Rate"（帧速率）为"每秒25帧"，"Duration"（持续时间长度）为"3秒"，如图5-153所示。

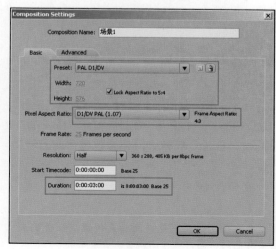

图5-153 新建合成

（2）将"场景1"的生长动画序列导入进来，将导入的序列拖曳到"场景1"合成中，如图5-154所示。

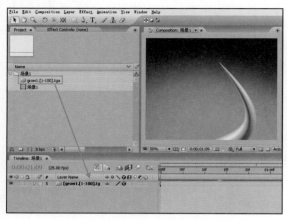

图5-154　导入序列并载入为图层

（3）下面来调整画面的色调。选择生长动画图层，为它添加"Effect/Color Correction/Hue/Saturation"特效，在"特效"面板中调整"Master Hue"（色相）的值为"0×-5.0°"，如图5-155所示。

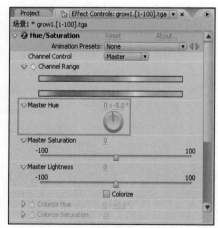

图5-155　调整色相

（4）继续为其添加"Effect/Color Correction/Change Color"特效和"Effect/Color Correction/Change to Color"特效，具体参数设置如图5-156所示。

　提示

以上两步调色是将画面色调调成一种偏向黄绿色的状态，这样画面看上去会柔和一些。

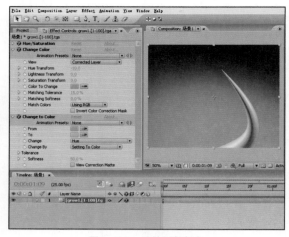

图5-156　继续调整颜色

（5）导入配套光盘中的"第5章\素材\分镜头1.psd"文件，并将"叶片"图层载入到"场景1"合成中，再为该图层绘制一个Mask蒙板，然后转换为三维图层并调整其位置和旋转角度，最后再配合生长动画制作相应的位移动画，具体参数设置如图5-157所示。

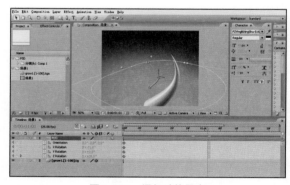

图5-157　添加叶片元素

（6）将导入的PSD文件中的"生长线"图层拖曳到当前合成中，同样调整它在画面中的位置和角度，并制作Mask动画，让它从画面的右边向上弯曲划过，为生长动画起到辅助性的作用，具体参数设置如图5-158所示。

（7）添加一段文字元素，并设置从左向右的位移动画，具体参数设置如图5-159所示。

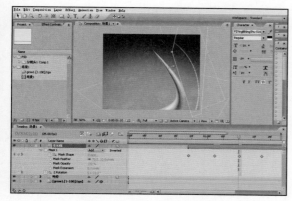

图5-158 添加生长线元素

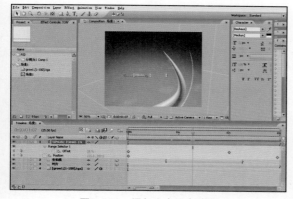

图5-159 添加文字元素动画

2. "场景2"的合成

（1）新建一个合成，命名为"场景2"，选择"Preset"为"PAL D1/DV"的"720×576"的分辨率模式，"Pixel Aspect Ratio"（像素比）为"1.07"，"Frame Rate"（帧速率）为"每秒25帧"，"Duration"（持续时间长度）为"3秒9帧"，如图5-160所示。

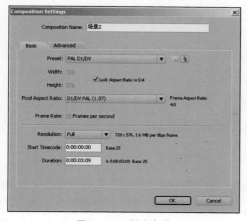

图5-160 新建合成

（2）首先来创建一个渐变背景。在新建的合成中新增一个Solid层，为它添加"Effect/Generate/Ramp"渐变特效，并调整渐变的颜色和位置，如图5-161所示。

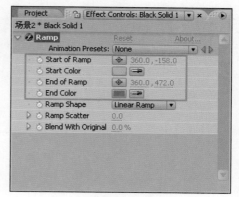

图5-161 添加渐变特效

（3）将"场景2"的生长动画序列导入进来，并拖曳到"场景2"合成中，如图5-162所示。

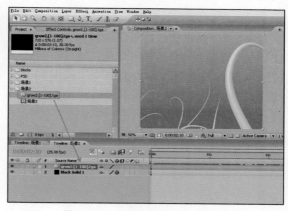

图5-162 导入"场景2"生长序列

下面将为渐变图层设置一段渐变的颜色动画。

（4）选择渐变图层，在时间为0秒的位置设置渐变点位置和颜色，如图5-163所示。

图5-163 设置第一组渐变关键帧

（5）将时间移到00：00：03：08的位置，修改渐变点的位置和颜色，如图5-164所示。

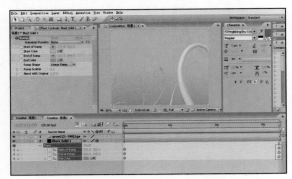

图5-164　设置第2组渐变关键帧

 提示

这里设置渐变动画的目的在于模拟出生长开始阶段即萌芽的初始状态，从下（比较深的地面）往上，绿色也逐渐变得清晰。

（6）下面来为该场景添加装饰元素，同样添加与"场景1"中一样的叶片，然后绘制Mask控制其范围并适当羽化边缘，再为该图层设置与生长方向相反的由上往下的位移动画，同时制作小幅度的旋转动画，具体参数设置如图5-165所示。

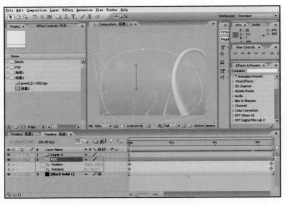

图5-165　添加叶片元素

（7）与"场景1"一样，先添加"生长线"和文字动画元素，如图5-166所示。

（8）导入一段花瓣流动的动画，将其拖曳到当前的"场景2"合成中，改变它的层叠加模式为"Luminosity"，然后调整层的"Opacity"（不透明度）为"80%"，如图5-167所示。

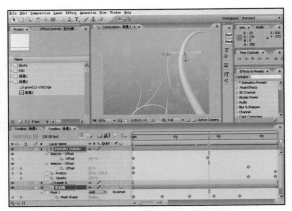

图5-166　添加"生长线"和文字元素

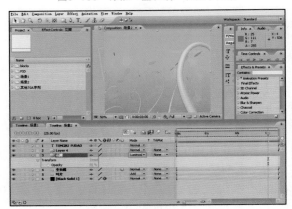

图5-167　添加花瓣流动动画

（9）导入渲染好的一些开花的动画序列进来，将它们放置在合适的位置，如图5-168所示。

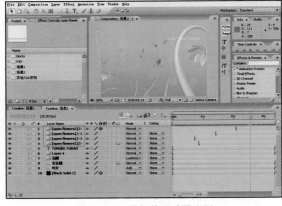

图5-168　添加花开动画序列

（10）下面为场景中添加蝴蝶飞舞的动画元素。导入配套光盘中的"第5章\素材\蝴蝶飞2"序列，这是一段蝴蝶扇动翅膀的动画序列，将其添加到当前合成中，并制作它的位移动画，然后配合场景中的生长动画，让蝴蝶从底部往上飞，然后停在一段生长线上，如图5-169所示。

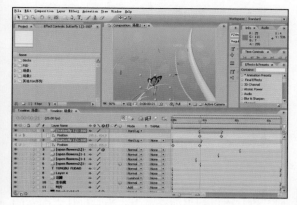

图5-169 添加蝴蝶动画

（11）新建一个合成，命名为"蝴蝶飞2"，将蝴蝶扇动翅膀的动画序列拖曳到新建合成中，再复制出多个层，然后调整层的长度，并设置第一段蝴蝶动画层的入点为在"场景2"中蝴蝶停止动画的时间点，这样就方便将该合成的动画衔接上，如图5-170所示。

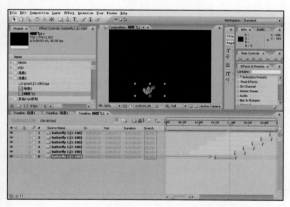

图5-170 制作蝴蝶动画合成

 提示

步骤（11）的目的在于，当前面的蝴蝶停在一段生长线段上之后，它扇动翅膀的频率将减慢，因此将该合成的第一段蝴蝶翅膀扇动设置得相对慢一些，而当它继续向上飞走后，又会加快翅膀煽动频率，所以后面几段设置为"50%"，相对要快一些。

其实这里采用了一种捷径的方法，如果要达到完美结合，最好还是在三维中配合生长来

完成蝴蝶的动画，不过这里制作后已经可以满足本片的需要了，这样做唯一的优点就是节约了渲染的时间，前提是要保证能达到"以假乱真"的效果。

在今后的实际制作中，大家可以继续体会，有的并不一定要按部就班来做，最后能达到要求的效果即可。

（12）完成上面这段蝴蝶合成后，将该合成拖曳到"场景2"合成中，为它制作一段位移动画，注意利用位移关键帧的手柄调节弯曲的路径，同时修改层的叠加方式为"Hard Light"，如图5-171所示。

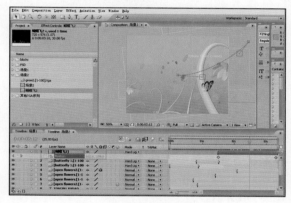

图5-171 制作蝴蝶路径动画

观察当前画面，似乎还缺少了点什么。播放动画观察得知，在蔓藤不断向上生长的同时，如果有一屡阳光扫过，这样更能烘托画面的氛围，下面就来模拟太阳的光线。

（13）在当前"场景2"合成中新增一个Solid层，命名为"太阳光线"，如图5-172所示。

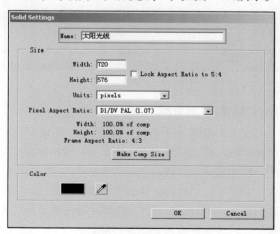

图5-172 新增Solid层

（14）为新增图层添加"Effect/Light Factory/Light Factory EZ"特效，并在"特效"面板中对光效参数进行设置，这里选择了一个"85mm"的光斑类型，然后在时间为0秒时，设置光斑的亮度、大小和发光点的位置，并为它们记录下各自的关键帧，如图5-173所示。

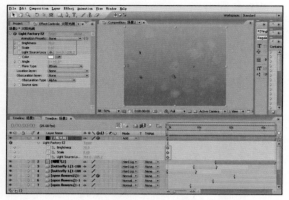

图5-173　添加光斑

（15）将时间移到00：00：03：08的位置，将光斑的亮度和大小都增大，同时将发光点的位置向左移动，在左上方形成光线的照射效果，并记录下第2组关键帧，具体参数设置如图5-174所示。

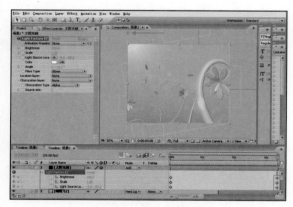

图5-174　调整光斑的位置

3. "场景3"的合成

（1）新建一个合成，命名为"场景3"，选择"Preset"为"PAL D1/DV"的"720×576"的分辨率模式，"Pixel Aspect Ratio"（像素比）为"1.07"，"Frame Rate"（帧速率）为"每秒25帧"，"Duration"（持续时间长度）为"1秒"，具体参数设置如图5-175所示。

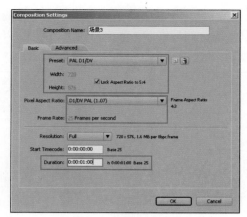

图5-175　新建合成

（2）导入渲染好的"场景3"的动画序列，将其拖曳到当前合成中，为它做从右向左的位移运动，然后调入叶片素材，为它绘制Mask控制范围并羽化边缘，再为其设置从左向右的位移和旋转动画，具体参数设置如图5-176所示。

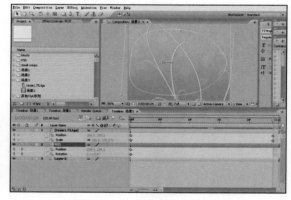

图5-176　添加生长动画和叶片

（3）向画面中添加花开的动画，具体参数设置如图5-177所示。

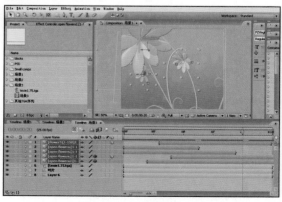

图5-177　添加花开的动画

（4）继续向画面中添加蝴蝶飞舞的序列，然后复制几层，改变各自的大小，分别制作从左向右的位移动画，模拟出蝴蝶横向飞过的动画，如图5-178所示。

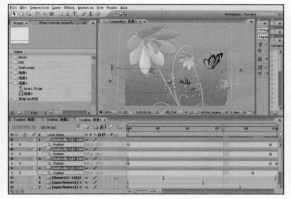

图5-178 添加蝴蝶动画

（5）在本场景的合成中，最后还是要添加太阳光斑的效果。新建一个Solid层并添加"Effect/Light Factory/Light Factory EZ"特效，按照前面光斑的制作方法，这里只需要制作光线逐渐增强的效果即可，发光点的位置不变，如图5-179所示。

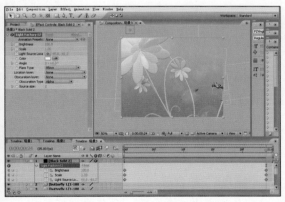

图5-179 制作光斑效果

4. "场景4"的合成

（1）新建一个合成，命名为"场景4"，选择"Preset"为"PAL D1/DV"的"720×576"的分辨率模式，"Pixel Aspect Ratio"（像素比）为"1.07"，"Frame Rate"（帧速率）为"每秒25帧"，"Duration"（持续时间长度）为"4秒"，具体参数设置如图5-180所示。

（2）导入"场景4"的蝴蝶和生长动画序列，然后添加叶片元素，并为它绘制Mask，再制作出位移、大小和旋转的关键帧动画，在时间为0秒时的参数设置如图5-181所示。

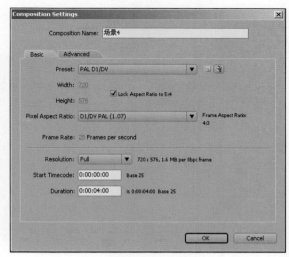

图5-180 新建合成

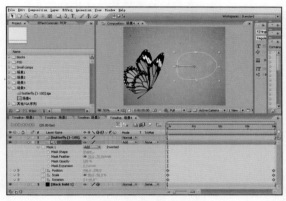

图5-181 添加叶片元素

（3）在时间为00：00：03：24的位置，修改叶片的位移、大小和旋转，同时记录下它们的关键帧，具体参数设置如图5-182所示。

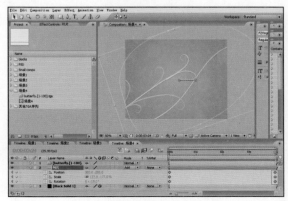

图5-182 设置第2组关键帧

（4）继续添加"生长线"和文字元素动画，具体参数设置如图5-183所示。

图5-183　添加"生长线"和文字元素

 提示

这里的"生长线"动画设置为向里延伸，以配合摄像机镜头向里推进的动画效果。

（5）为场景中添加花开的动画序列，注意调节它们各自的位置以配合生长动画的镜头推进，如图5-184所示。

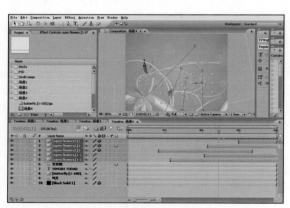

图5-184　添加花开动画

 提示

随着摄像机镜头的向内推进，每个层所在的花开动画要注意把握前后出现的时间点，需要反复调整来达到理想的效果。

（6）最后再为本场景添加光斑效果，并制

作相关动画，如图5-185所示是在时间为0秒时的画面效果。

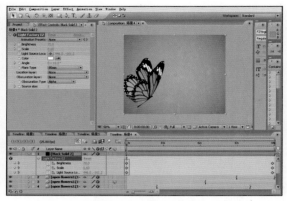

图5-185　添加光斑效果

（7）将时间移到00：00：03：24的位置，修改光斑关键帧所在的参数，形成从右上方照射进来的效果，如图5-186所示。

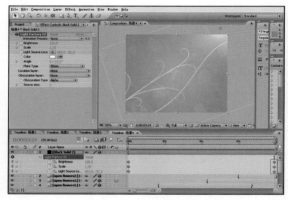

图5-186　调整光斑

5.　"场景5"的合成

（1）新建一个合成，命名为"场景5"，选择"Preset"为"PAL D1/DV"的"720×576"的分辨率模式，"Pixel Aspect Ratio"（像素比）为"1.07"，"Frame Rate"（帧速率）为"每秒25帧"，"Duration"（持续时间长度）为"2秒13帧"，如图5-187所示。

（2）先导入"场景5"的生长动画序列，添加叶片元素，再为它绘制Mask并制作从左向右的位移关键帧动画，如图5-188所示。

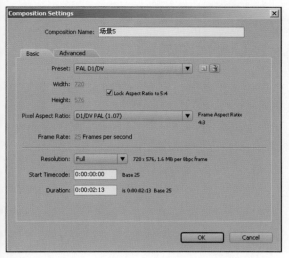

图5-187　新建合成

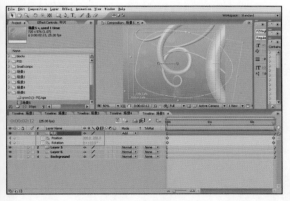

图5-188　添加叶片元素

（3）继续添加"生长线"和文字元素动画，并为生长线制作从左向右的Mask动画，如图5-189所示。

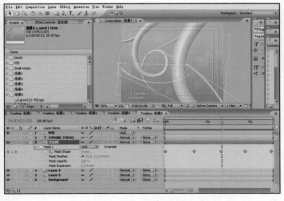

图5-189　添加元素并制作动画

（4）选择文字，为它设置一个预置的文字动画效果，选择"Animation/Apply Animation Preset"菜单命令，在弹出的对话框中找到需要应用的文字预置效果，如图5-190所示。

图5-190　选择文字预置效果

提示

After Effects的文字预置效果解决了平时工作中一些复杂的文字动画制作，这样可以使制作更加方便。

（5）完成后拖曳时间标签，可以观察到当前的文字动画效果，如图5-191所示。

图5-191　文字动画效果

（6）向场景中添加花瓣流的动画序列，具体参数设置如图5-192所示。

（7）继续向画面中添加花开的动画序列，同样注意把握它们在画面中的位置以及与生长动画相互配合，具体参数设置如图5-193所示。

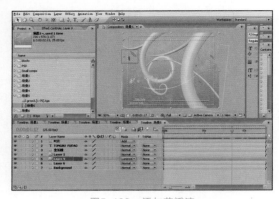

图5-192　添加花瓣流

图5-193　添加花开动画

提示

画面右上方的一朵比较大的花开动画构成了画面的视觉中心。

（8）下面再向画面中加入蝴蝶动画序列，修改其层的叠加方式为"Hard Light"，因为生长动画的镜头表现是从左向右的，为了画面的协调，为蝴蝶制作从右向左的位移、大小和旋转动画，具体参数设置如图5-194所示。

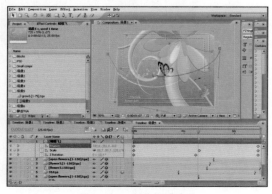

图5-194　制作蝴蝶动画

（9）最后同样为本场景添加光斑的动画效果，图5-195所示是在时间为0秒时的画面效果。

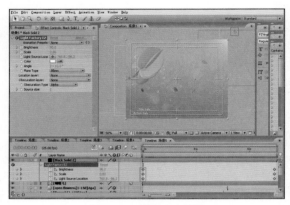

图5-195　添加光斑效果

（10）将时间移到00：00：02：12的位置，修改光斑关键帧所在的参数，形成从右上方照射进来的效果，如图5-196所示。

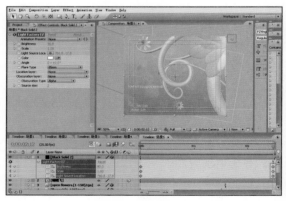

图5-196　调整光斑

6.　"场景6"的合成

（1）新建一个合成，命名为"场景6"，选择"Preset"为"PAL D1/DV"的"720×576"的分辨率模式，"Pixel Aspect Ratio"（像素比）为"1.07"，"Frame Rate"（帧速率）为"每秒25帧"，"Duration"（持续时间长度）为"1秒"，如图5-197所示。

（2）导入"场景6"的生长序列，再添加叶片元素，并保持前后场景画面风格的一致，然后设置叶片从右向左轻微的移动并旋转动画，如图5-198所示。

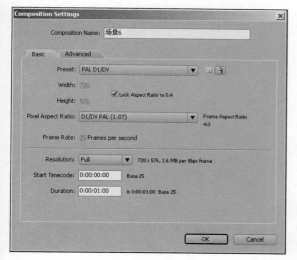

图5-197 新建合成

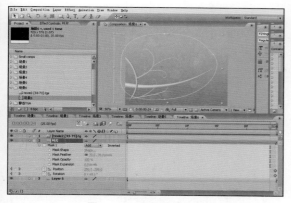

图5-198 添加叶片元素

（3）向画面中添加花开动画序列，具体参数设置如图5-199所示。

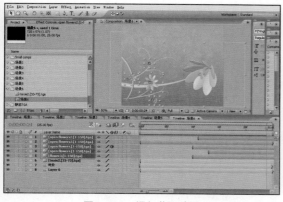

图5-199 添加花开动画

提示

在设置每朵花在画面中的位置时，要注意使它们各自的大小和角度有所变化，并分布在不同的生长枝条上。

（4）制作一段蝴蝶从右上方向左飞过的位移动画，并注意调节位移的路径，使其成曲线状，具体参数设置如图5-200所示。

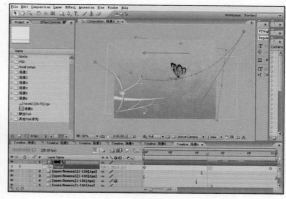

图5-200 制作蝴蝶路径动画

提示

在枝条向右生长动画的同时，一只蝴蝶的飞过，可以为画面起到点缀的作用。

（5）最后为该场景添加光斑的动画效果，如图5-201所示是在时间为0秒时的画面效果。

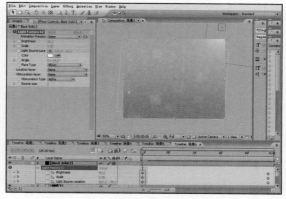

图5-201 添加光斑效果

（6）再将时间移到00：00：00：24的位置，修改光斑关键帧所在的参数，形成右上方向照射进来的效果，如图5-202所示。

图5-202　调整光斑

7. 落版场景的合成

（1）继续新建一个合成，命名为"落版"，选择"Preset"为"PAL D1/DV"的"720×576"的分辨率模式，"Pixel Aspect Ratio"（像素比）为"1.07"，"Frame Rate"（帧速率）为"每秒25帧"，"Duration"（持续时间长度）为"5秒"，参考设置如图5-203所示。

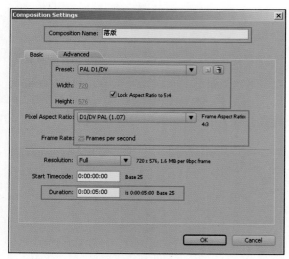

图5-203　新建合成

（2）在新建的合成中新增一个Solid层，命名为"background"，再为它添加"Effect/Generate/Ramp"渐变特效，然后调整渐变的颜色和位置，创建一个渐变背景，效果如图5-204所示。

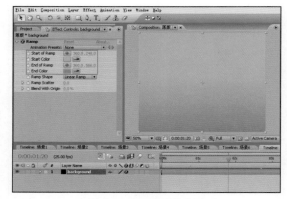

图5-204　制作渐变背景

（3）导入在Maya中制作并渲染好的"树叶飞舞"动画序列以及"场景5"中的生长序列，并将它们拖曳到落版合成的"时间线"面板中，再设置"叶子"的层叠加方式为"Screen"、"生长序列"的层叠加方式为"Luminosity"，如图5-205所示。

图5-205　添加树叶和生长序列

（4）导入一段花开的动画序列，拖曳到"时间线"中，调整它在画面中的位置和角度，如图5-206所示。

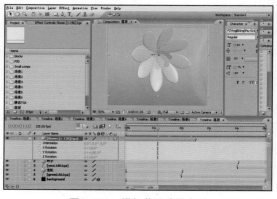

图5-206　添加花开动画序列

（5）接下来将落版的LOGO导入并载入到"时间线"面板中，然后为它添加"Effect/Color Correction/Curves"特效，并在"特效"面板中调整曲线，如图5-207所示。

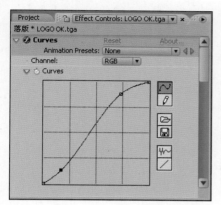

图5-207 添加"Curves"特效

 提示

添加"Curves"特效是为了调整LOGO的明暗对比。

（6）为LOGO图层添加"Effect/Color Correction/Hue/Saturation"特效，在"特效"面板中调整"Master Hue"（色相）的值为"0×+9.0°"，如图5-208所示。

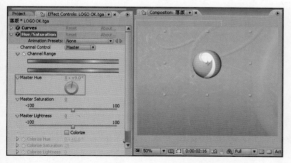

图5-208 添加"Hue/Saturation"特效

 提示

添加"Hue/Saturation"特效使LOGO颜色偏黄一些。

（7）继续添加"Effect/Color Correction/Change Color"（改变颜色）和"Effect/Color Correction/Color Balance"（颜色平衡）特效，并调整LOGO颜色，如图5-209所示。

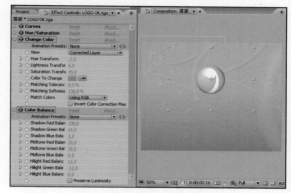

图5-209 继续调整LOGO颜色

 提示

添加"Change Color"特效来改变LOGO暗部的颜色；添加"Color Balance"特效来调整LOGO的颜色平衡。

（8）完成LOGO的颜色调整后，分别为它和花开图层设置透明度的关键帧动画，使花打开后淡出，同时LOGO淡入出现在画面中，仿佛LOGO是随着花的打开而出现，即LOGO是从花中孕育而出的，具体参考设置如图5-210所示。

图5-210 设置透明度动画

（9）将在3ds Max中制作好的落版文字序列导入进来，将其放置在LOGO的下方，然后为文字图层添加"Effect/Color Correction/Curves"特效调整其颜色，最后在落版主题文字下方添加一小段英文字作为辅助，并为它设置淡入的透明度动画，具体参数设置如图5-211所示。

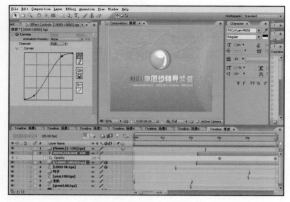

图5-211　添加落版文字

（10）为落版主题文字绘制Mask，并制作从左向右的Mask动画将文字划出，参考设置如图5-212所示。

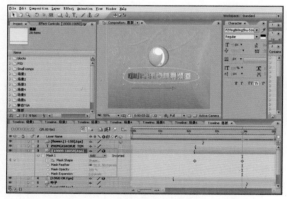

图5-212　制作文字的Mask动画

 提示

注意将"Mask Feather"（羽化值）设置得大一些，这样在文字从左向右出现的动画过程中会产生柔和的效果。

（11）下面来制作一段色块的动画以引出最后的落版主题文字。新建一个合成，命名为"色块和"，参数设置如图5-213所示。

（12）新建一个白色的Solid层作为临时背景，然后将在Photoshop中制作好的色块素材拖曳到当前的合成中，并调整图层的入点到时间0：00：02：06位置；然后选择"色块"图层，按下快捷键T展开图层的透明度属性，在时间0：00：02：06的位置设置"Opacity"的值为"4%"；在时间0：00：02：10的位置设置

"Opacity"的值为"100%"；在时间0：00：02：15的位置设置"Opacity"的值为"0%"。关键帧的设置如图5-214所示。

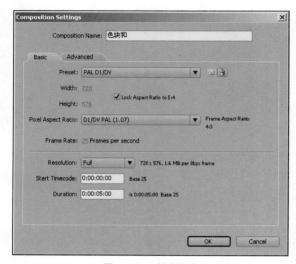

图5-213　新建合成

图5-214　设置透明度关键帧动画

（13）保持色块图层的选择，利用组合键Ctrl+D将其复制出10层，并通过修改各自的"Scale"（大小）属性以及前后的排列位置来达到从左到右的色块渐变动画效果，参考设置如图5-215所示。

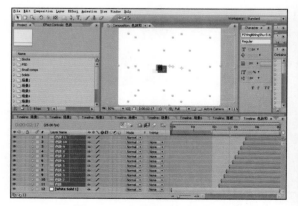

图5-215　复制图层并调整动画

（14）选择所有的"色块"图层，修改它们的叠加方式为"Overlay"，同时关闭白色背景层的显示，参数设置如图5-216所示。

图5-216　修改叠加方式

（15）下面将制作好的色块动画所在的合成拖曳到"落版"合成中，并修改层的叠加方式为"Overlay"，然后调整其图层的入点时间，同时在画面中调整它到合适的位置。这样在文字产生动画出现的时候，色块的渐变动画也跟着出现，达到将文字引出来的效果，如图5-217所示。

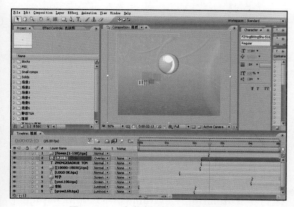

图5-217　在落版画面中调整色块

（16）再将在Maya中制作渲染好的蝴蝶粒子动画序列导入，放置在落版画面中合适的位置，并修改它的层叠加方式为"Hard Light"，然后为它绘制Mask，并制作出同样是从左向右的Mask移动动画，来配合主题文字的出现和色块渐变动画。同时还需要制作一段蝴蝶淡出的透明度动画，参考设置如图5-218所示。

对当前状态下的"落版"动画进行预览，似乎缺少了烘托气氛的东西，特别是从花开到LOGO出现的时候。这里将通过为画面添加一些必要的光效来达到烘托气氛的效果。

图5-218　添加蝴蝶动画

（17）新建一个Solid层，为它添加"Effect/Light Factory/Light Factory EZ"特效，在"特效"面板中对光效参数进行设置，选择默认的"35mm"光斑类型，然后复制该层，在复制得到的新图层的"特效"面板中修改光斑的类型为"Chroma lens 2"。

下面将为这两个"光效"图层设置关键帧动画。

（18）在时间为0：00：01：01的时候，设置光斑的亮度、大小和发光点的位置，以及图层透明度的值，记录下各自的关键帧，如图5-219所示。

图5-219　添加光效并设置第一组光效关键帧

（19）将时间移到0：00：01：22的位置，修改光效的相关参数，记录下第2组关键帧，参考设置如图5-220所示。

　提示

这里将光效的发光强度设置得比较大，是为了配合花开的结束和LOGO的出现，相当于两者一个转场的作用。

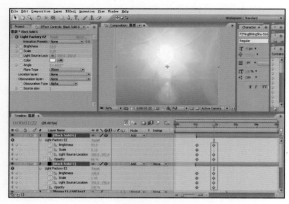

图5-220　记录第2组光效关键帧

（20）将时间移到0：00：04：08的位置，将"光效"图层的透明度设置为"0"，让光效消失。另外一个光效的消失则要稍微早一些，在3秒多一点的位置，其透明度就已经设置为"0"了，参考设置如图5-221所示。

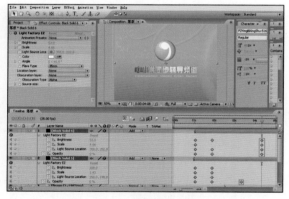

图5-221　记录第3组光效关键帧

（21）最后将在Photoshop里制作好的一个星形发光点载入到合成中，为其制作沿LOGO左侧的一段弧形路径动画，如图5-222所示。

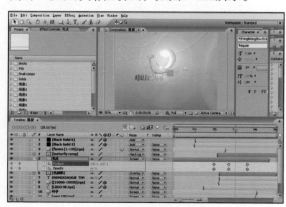

图5-222　添加星形光效

提示

添加星形光效作为落版LOGO最终的点缀效果。

8.　最终的合成

（1）新建一个合成，命名为"总合成"，选择"Preset"为"PAL D1/DV"的"720×576"的分辨率模式，"Pixel Aspect Ratio"（像素比）为"1.07"，"Frame Rate"（帧速率）为"每秒25帧"，"Duration"（持续时间长度）为"20s"，参数设置如图5-223所示。

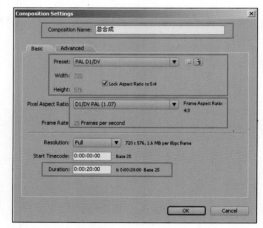

图5-223　新建合成

（2）将前面6个场景的合成导入到当前的合成中，选择"场景2"~"场景6"这5个图层，执行"Animation/Keyframe Assistant/Sequence Layers"菜单命令，如图5-224所示。

图5-224　选择"Sequence Layers"命令

（3）在弹出的对话框中进行设置，使图层自动地淡入淡出排列。具体设置以及排列效果如图5-225所示。

图5-225　自动排列图层

（4）新增一个Solid层，为它添加"Effect/Light Factory/Light Factory EZ"特效，为"场景1"和"场景2"之间制作光效转场效果，参考设置如图5-226所示。

图5-226　添加光效转场

 提示

注意在两个场景画面相接的时间点，光效的强度将达到相对最大，这个跟平常利用白闪转场的道理是一样的。

（5）将"落版"场景也拖曳到总合成中，再将光效转场所在的图层复制一层，作为"场景6"和"落版"场景之间的转场，如图5-227所示。

图5-227　添加转场光效2

（6）最后再次将星形的光效调入到总合成中，通过设置大小、旋转和透明度的关键帧动画来制作最终的定版星光点缀效果，如图5-228所示。

图5-228　制作最终的星光动画

 提示

在制作星光动画的时候，主要把握3点，即星光由小变大；淡入再淡出；旋转不可太快。此外还要注意两个星光所在图层的叠加方式。

9. 渲染输出

完成了上面全部的合成工作以后，就可以进行最终的渲染了。

（1）确保当前为总合成，按下Ctrl + M组合键打开"渲染"对话框，这里仍然选择了输出序列图片的方式，具体设置如图5-229所示。

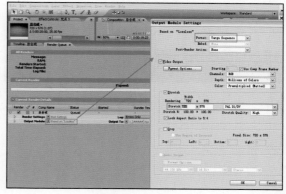

图5-229　渲染设置

（2）设置完毕后单击"Render"按钮进行渲染，然后将渲染完的序列导入到编辑软件中进行音乐的合成从而完成最终的成片。

后合理地在3ds Max中创建场景元素，然后结合其他的素材在After Effects中添加不同的特效制作动画效果，制作完成各个镜头之后在主合成中合成最终效果。

5.1.14 本章小结

首先需要对整个片头的动画进行分析，然

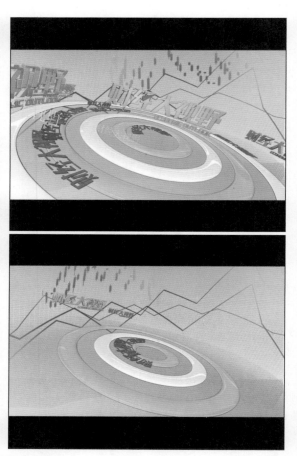

图5-230 财经大视野

5.2.1 前期创意

本案例的制作是非常简单的，在制作时一定要注意其细节的表现。希望读者能够吸取其他电视包装作品的经验，制作出优秀的作品。

1. 创意思路

首先确定本案例是一个财经类的栏目包装

作品，因此我们选择金色为画面的主色调，象征财富的意义。提到财经，人们的第一反应一定会想到股票，所以在场景中制作了一个上下波动的线条，以及红蓝相间的条状物体来模拟股市行情的涨停板。

2. 制作思路

首先在3ds Max中制作场景中的主要元素，如文字及地面效果，圆环套圆环的波浪效果，颜色为金色和白色相间。将场景进行渲染输出，然后导入到After Effects进行后期处理，背景的涨停板效果可以在After Effects中制作。

5.2.2 练习知识要点

（1）在创建工程文件的时候，将尺寸设置为"1920×1080"，然后制作股票涨停板效果，使用Mask和描边特效，如图5-231所示。

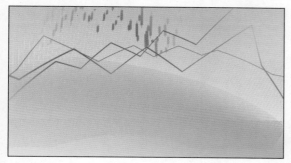

图5-231 涨停板

（2）围绕圆环的文字进行叠加和位置调整，使其不间断地旋转，如图5-232所示。并将叠加部分多余的文字用Mask遮罩，如图5-233所示。

图5-232 文字层

图5-233 Mask去掉文字

（3）将金色物体的序列复制一份，并调整叠加模式，使其更具有质感，如图5-234所示。

（4）圆环套圆环的制作方法比较简单，首先导入单个圆环放大的素材，按Ctrl + D组合键将其复制多份，利用层工具对其进行调节，如图5-235所示。

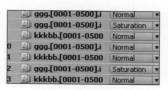

图5-234 调整叠加模式

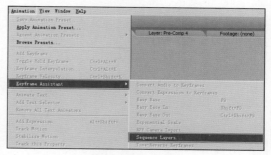

图5-235 层调节

（5）调整完毕，层的顺序如图5-236所示。

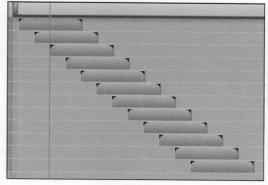

图5-236 层顺序

（6）为了能在电视机上播放，我们制作的是"1920×1080"高清片，所以新建了一个标清的合成，并将制作好的高清合成拖曳进去，调整大小为"37.5"，如图5-237所示。

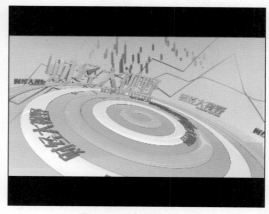

图5-237 案例最终效果

5.3 课后习题
——考古发现

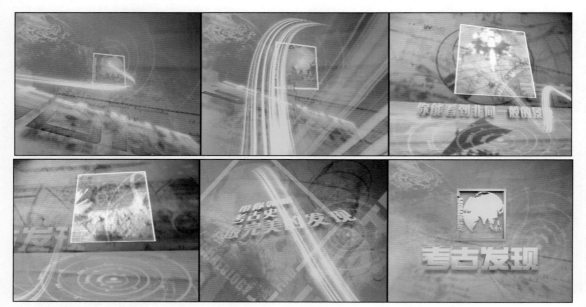

图5-238　案例最终效果

◆ 练习知识要点

　　既然是一条以知识性为题材的片子，首先需要做的就是了解该栏目的历史背景和文化内涵，经过仔细体会和观察后才会得到最好、最贴近于该栏目的制作方案。

　　在了解了栏目的文化和制作目的之后便可以着手考虑片子的整体风格了。在本案例中采用的是文字集合图片的方式将栏目内容呈现出来，同时利用三维软件制作黄色光带，以光带为线索穿插运用在片中，体现出时间的流逝以及画面的变化，引领观众的视线逐渐去发现和了解这个栏目的内涵。本案例在色调上打破常规，运用了经典耐看的黄色，意味着栏目的"古典"、"怀旧"等含义。一般来说这种知识性类型的栏目需要有一定的亮点，在本案例中黄色光带就是亮点；同时也需要沉稳和神秘的感觉，这里的暖色调刚好就可以表现出这种氛围。适当地处理好两者的关系后这部片子也就出来了。

　　本片的制作主要还是在After Effects中完成。而在After Effects软件制作时使用到了许多的高级命令，如三维图层、摄像机控制、父子链接等，熟练掌握和运用这些高级命令可以制作出优秀的片子，而这些命令也是本章所学习的重点。